听培根谈人生哲理

徐苑琳◎编著

中国纺织出版社

内 容 提 要

弗兰西斯·培根被马克思称为“英国唯物主义和整个现代实验科学的真正始祖”。他的思想博大精深，是文艺复兴以来欧洲古典人文主义价值观念和政治理想的集中体现，深受各国读者的追捧。

本书立足于培根的主体思想，精选了《培根随笔》中的经典段落和名言警句，深入探讨关于人生真谛、社会发展、自身情感等诸多方面的问题，帮助读者展开对人生的思考，帮助人们指引正确的方向，摆脱困难的纠缠，走上美好的人生之路。

图书在版编目（CIP）数据

听培根谈人生哲理／徐苑琳编著. —北京：中国纺织出版社，2017.8（2025.5重印）
ISBN 978-7-5180-3991-3

Ⅰ.①听… Ⅱ.①徐… Ⅲ.①培根（Bacon：Francis 1561-1626）—人生哲学—哲学思想 Ⅳ.①B561.21

中国版本图书馆CIP数据核字（2017）第214576号

责任编辑：闫　星　　特约编辑：李　杨　　责任印制：储志伟

中国纺织出版社出版发行
地址：北京市朝阳区百子湾东里A407号楼　邮政编码：100124
销售电话：010—67004422　传真：010—87155801
http：//www.c-textilep.com
E-mail：faxing@c-textilep.com
中国纺织出版社天猫旗舰店
官方微博http://weibo.com/2119887771
三河市金兆印刷装订有限公司印刷　各地新华书店经销
2017年8月第1版　2025年5月第4次印刷
开本：710×1000　1/16　印张：17
字数：211千字　定价：69.80元

前 言

preface

弗朗西斯·培根（1561—1626），是英国文艺复兴时期最重要的散文家、哲学家，他不但在文学、哲学上多有建树，在自然科学领域里，也取得了重大成就。培根是一位经历了诸多磨难的贵族子弟，复杂多变的生活经历丰富了他的阅历，随之而来的是他思想的成熟，言论的深邃及富含哲理。可以说培根是伟大的，他的人格是多方面的，他的天才也不限于一隅，他是法学家、是政客，也是科学家、哲学家、历史家，同时又作为一名散文家出版了《培根随笔》一书，对于这样一个繁复性格、成就众多的伟人来说，后人要对他下一个总评是很难的。

培根著作中最著名的当属《培根随笔》，这是一本具有划时代意义的世界名著。在书中，培根将自己对社会的认识、思考以及对人生的理解，全部浓缩成许多富有哲理的名言警句，因此深受一代代读者的喜爱。

通过《培根随笔》我们可以看到一个丰满而有血有肉的培根，在“论真理”“论死亡”“论人的天性”等篇章中，我们可以看到一个热爱哲学的培根；从“论高官”“论王权”“论野心”等篇章中，我们又可以看到一个热衷于政治的培根；从“论爱情”“论友情”“论婚姻与独身”等篇章中，我们可以看到一个富有生活情趣的培根；从“论逆境”“论幸运”“论残疾”等篇章中，又可以看到一个自强不息的培根……

笔者深受培根思想熏陶，受其影响，将《培根随笔》中的名言警句与现代社会结合，意图为现代人再现培根哲学思想的真谛。不得不说，即使过了几百年，培根爵士的思想依然适用于当今社会，《培根随笔》中的许多篇目都能催人上进，为我们指点迷津。如在“论父母与子嗣”一文中，他在教导父母怎么对待自己的儿女时，颇有见地地指出：“父母对子女在管教上要严，在钱财上宜松，这才是上策。”他还告诫人们：“人们（父母、教师或仆人无不如此）往往不够明智，怂恿子女在年幼时互相攀比，以至于成年时兄弟失和，家无宁日。”培根认为，孩子的可塑性很强，家长宜及时为他们确定将来从事的职业并加以培训；不可过分迁就儿女，以为他们会为早年的爱好而奋斗终生，除非子女有强烈的爱好和超人的天赋。培根还说，“子女使父母的辛劳苦中带甜，也给他们的不幸雪上加霜。子女加重了父母对生活的忧虑，却也减轻了父母对死亡的恐惧”，只用了两句话，就把父母和儿女之间的关系概述得极为透彻。难怪雪莱如此评价他：“培根的文字是一种优美而庄严的韵律，给感情以动人的美感，他的论叙中有超人的智慧和哲学。”

本书精选了《培根随笔》中的经典段落和名言警句，结合现代社会的人文、知识、关系等，谈论了我们在生活中遇到的方方面面的问题和生活琐事，从人生真谛、社会发展、自身情感等方面深入剖析了培根思想。希望本书能成为你人生的指南，当你有什么不解时，就可以向它请教，我们不会简单地告诉你什么是正确的，什么是错误的，而是帮助你展开对人生的思考，为你指引正确的方向，以摆脱困难的纠缠，希望本书能对你有所启发。

编著者

2016年1月

目　录

contents

第一章

关于人生

1.真理是怀疑的影子

在人类历史的长河中，真理因为像黄金一样重，总是沉于河底而很难被人发现；相反地，那些牛粪一样轻的谬误倒漂浮在上面到处泛滥。

——论真理

英国著名哲学家培根有句名言：“真理易于从谬误中产生，难于从混乱中产生”，在这个信条的驱动下，他不断地思考，最终在哲学、美学、心理学、政治、法学等领域中取得了令人炫目的成就。培根用他的精神给予后人的启示，就是：人的可贵应在于他的觉醒与思考的能力，而人要获得这种觉醒与思考的能力，最初的原动力乃是由于怀疑。

正如大文豪莎士比亚所说：“怀疑是大家必须通过的大门口，只有通过这个大门口，才能进入真理的殿堂。”怀疑能够让人们从愚昧无知转为睿智英明，人们只有对于自己完全不怀疑的事物才可视为真理，否则，就要不断拨开生活的迷雾，去怀疑、去思考，去挖掘人生中最真实、最圆满的真理。

曾经有过这样一个实验：一群来自上海的小学生和一群来自法国的小学生分别接受了一位法国教育心理学专家的测试。测试的题目是，有一艘船上装了86头牛和34只羊，请问这艘船的船长多大了？

面对这道测试题，80%的上海学生一丝不苟地解答，他们给出了答案：86-34=52，船长52岁了。只有10%的上海学生认为这道题目十分荒诞，根本无解。而法国小学生的答题情况则与上海学生大相径庭，90%以上的法国

学生看到题目直接表示这道题目无法作答，有的学生还出声“抗议”老师的“戏弄”。

面对两国学生的巨大差异，心理学家感到十分诧异。调查以后，他才知道上海学生如此表现的原因。原来，这些认真算出“答案”的学生，都坚守着老师素日教育的“法则”：只要是老师出的题目，就一定有方法解开，就不会没有答案。老师出的题目都是对的，都是有标准答案的。面对老师出的题目，只有尽力去答，才有可能获得分数；反之，如果什么也不做，那么就一分也得不到。

针对这个实验，心理学家作出了总结。在总结时，他引用了三句名人的话：

（1）怀疑就是方法。——笛卡尔

（2）在学术上不盲从大师，他应当重事不重人，真理应当是他的首要目标。——法拉第

（3）科学发现的过程是一个由好奇、疑惑开始的飞跃。——爱因斯坦

随后，心理学家用感受颇深的口吻说：“让孩子懂得尊重老师，这固然是很有必要的；但相较之下，我们更应该让孩子懂得尊重真理。没完没了的怀疑，是一种缺点；但敢于怀疑的精神，是每一个人都必须拥有的。人们想要尽量不盲从，就必须从培养怀疑的勇气开始。真理和怀疑如影随形，当人们开始敢于怀疑时，才能看见真理。”

明末清初思想家黄宗羲说过：“小疑则小悟，大疑则大悟，不疑则不悟。”这就在告诉我们，怀疑是通往真理的道路，有怀疑才能有探索，才能有感悟。古今中外不少思想家，对怀疑的认识价值都予以肯定。近代文学家鲁迅认为“怀疑不是缺点”，马克思更把“怀疑一切”作为自己最喜欢的箴言。

怀疑就是向权威挑战，是提高的过程。所以，我们在日常的学习、工作和生活中，都应提倡和鼓励怀疑的精神。牛顿、爱因斯坦以及众多的诺贝尔奖获得者都是既继承前辈的成果，又经怀疑进而否定前辈的研究成果，才能达到创

新和突破的目的，最后发现真理。

但是，在日常生活中，人们一般情况下都不愿意去怀疑那些有定论的权威观点，因此总也跳不出狭隘的思想圈子。其实，那些取得成就的伟人也会有局限性，受当时社会条件的限制，难免存在偏颇和失误。现如今，社会在不断进步，人类在不断发展，一切真理也都在不断验证。有了怀疑，人们才会想方设法解决，一旦科学地解决了问题，就会获得新的真知灼见。反之，人类就没有发现和进步，世界也就没有了创新的发明，这是很可怕的。

2.真理在我们身边

真理是自身的尺度，神圣的教义是：要追求真理，要认识真理，更要信赖真理，这是人性中的最高美德。

——论真理

人们总是很尊敬发现真理的人，以为他们通过千辛万苦才能在大千世界中发现真理。其实，真理常常就在我们的身边，能不能发现它，就看你有没有一双敏锐的眼睛，有没有一个善于思考的头脑，有没有敢于质疑权威的勇气。

洗澡是我们每个人经常甚至每天都要做的一件事。就像吃饭、睡觉，我们对于洗澡习以为常，很少有人在洗澡时得出什么启示。然而，古希腊的著名物理学家和数学家阿基米德，却在洗澡时无意中总结出了阿基米德定律。

这一天，国王找来了阿基米德，要他想出一个办法来检验自己的王冠。原来，国王疑心工匠在制作王冠时“缺斤少两”，在金王冠中掺入了杂质，想要拿他问罪，却又没有确凿的证据，也不知道该如何检验。尽管阿基米德博闻强识，但一时也被这个难题困住了。他日思夜想，始终没有想到办法。

这天，他为了放松一下，准备痛痛快快地洗个澡。当他坐进澡盆时，盆里的水溢了出来。不仅如此，他还立刻觉得自己身体轻了不少。他脑中灵光一现，激动得跳出了澡盆，穿上衣服就来到了王宫。得到国王的许可后，检验开始了。阿基米德找来一个放得下王冠的容器，让其灌满水，然后又找来一块与王冠重量相同的纯金块。随后，他分别将王冠和纯金块放入注满水的容器中，以此来对比两次溢出的水量。由于王冠入水比纯金块入水溢出的水多，因此阿基米德断定王冠中掺入了比金子密度小的金属。事后，经过总结，阿基米德归纳出了著名的浮力原理，后世的人们为了纪念他，将这个原理称为阿基米德定律。

有些人经常抱怨说，自己生不逢时，书都让前人写完了，仗都让前人打完了，更要命的是那些发明创造、真理定律，都让前人发现完了。就比如阿基米德定律，只有生在阿基米德之前，在洗澡时发现这个现象才有意义啊！

其实，洗澡时能得到的启示，远不止阿基米德定律一条。例如，在两千多年以后的1962年，就有人再次于洗澡时发现了一个现象，这个人就是美国麻省理工学院机械工程系的谢皮罗教授。每次放洗澡水时，谢皮罗教授都看见水的漩涡是向左旋转的，即我们常说的逆时针旋转。这个现象引起了他的注意。为了研究这个现象，他设计并制作了许多各种形状和大小的容器，在其中注满水，然后放掉。而不管什么形状，无论容器大小，每次放水时，水的漩涡总是向左旋转的。由此，他认为这种现象是有规律可循的。在随后发表的论文中，他表示这种旋转方向应该和地球自转有所关联。因为地球昼夜不停地自西向东旋转，而美国处于北半球，所以放水时漩涡逆时针旋转。如果地球的自转停止，那么放水时，水就不会产生漩涡。此外，谢皮罗教授还认为，与水的漩涡旋转方向原理相同，北半球的台风也是逆时针旋转的。他还断定，南半球的情况会与北半球相反：放水时水的漩涡顺时针旋转；台风也是顺时针旋转。而在赤道，放水时不会产生漩涡。这篇论文一经发表，立刻引起世界各地科学家的注意，他们自发地在各个地域进行实验，最终证明了谢皮罗的理论。

如果说这个世界没有真理的话，那么这个世界就是无可知的世界，但诸多事实证明，世界并非这样，而是可以认识的，因此，这个世界还是有真理存在的。我们每个人身边都有真理，问题在于你从什么角度看。如果我们平时能做到多角度、全方位地去思考问题，必将获得更加正确的认识，也必将离真理越来越近。

3.发现真理的方法

有位诗人曾说："站在岸上看船舶在海上颠荡是一件乐事；站在一座堡垒的窗前看下面的战争和它的种种经过最一件乐事；但是没有一件乐事能与站在真理的高峰目睹下面谷中的错误、漂泊、迷雾和风雨相比拟的"；只要看的人对这种光景永存恻隐而不要自满，那么以上的话可算是说得好极了。

——论真理

有一天，牛顿坐在苹果树下打瞌睡，被树上成熟的苹果掉下来砸到，结果他发现了万有引力的存在。当然，天才总会有奇遇，但如果苹果砸到你的头上，你是否也能发现万有引力呢？或许苹果落地对牛顿是一个重要的刺激，可是只凭一个苹果是不能让他有这么大的发现的。牛顿的成功在于他找到了发现真理的办法，并在这办法的指引下孜孜不倦地去思考、实验、研究，如果我们也能掌握发现真理的方法，我们也可以通过不懈的努力、进取、探索不断地无限逼近真理。

一个行色匆匆、满面风霜的行人来到一扇门前，迫不及待地敲响了大门。

过了一会儿，门慢悠悠地打开了，里面的人面无表情，冷漠地问："您找哪位？"

"我找真理。"行人殷切地看着门内人。

"敲错门了，我是谬误。"门内人不容行人分说，"啪"的一声摔上了门。

行人无奈，只得重新踏上旅途。他一路跋山涉水，风雨兼程，辛苦万状，却始终没有发现真理的踪迹。经历种种坎坷后，他突然转念一想：人们总说真理与谬误是冤家对头，那么作为"敌人"，谬误总该知道真理在哪儿吧！

他折回头，又来到了谬误的门前。然而，敲开门后，谬误依旧是一副冷漠的样子，说了一句"你问我，我还不知道问谁呢"就又摔上门。

行人虽然受挫，却不甘就此罢休。他左思右想，在谬误的门前好一阵踌躇，终于下定决心，又敲开了谬误的门。

谬误那比之前更加冷若冰霜的表情让行人心灰意冷，打算放弃；而谬误那比之前更加震耳欲聋的摔门声，却吵醒了一旁的邻居。邻居打开门，探头看来，说道："您好，我是他的邻居真理，您这是怎么了？"

真理和谬误是一对冤家，也是一对邻居。当人们一次次敲开谬误的门以后，真理便会被这份执着吵醒，出现在他面前。

真理是人们不断探索总结然后再不断地自我否定、自我改进的结果，每一次探索都使我们更接近真理，就像不断敲门寻找真理的路人，每一次的敲门、询问都为之后找到真理做出了努力。

对已有真理的合理继承，对新经验的不断总结，再结合自身不断的思考，就是发现真理的法宝。以下是几点前人总结的发现真理的方法，希望对大家有所裨益。

首先，充分了解过去的真理。

在发明领域，如果想证明自己的发明是最新的，就需要了解之前是否有人做过同样的发明，这种了解的必要性，就是为了查询自己所研究的领域是否已

经有人先于自己得到了成果。如果没有这种调查而盲目展开发明研究，对自己和社会都是一种资源的浪费。结合到哲学的领域也可以得到同样的理论，即要想发现真理，首先要了解过去的真理，只有对过去的真理有充分的研究，才能得出更多的新理论来挖掘新真理。就像牛顿说过的，“如果说我比别人看得更远些，那是因为我站在了巨人的肩上”。人们只有站在巨人的肩膀上，才能破除生活的迷雾，看到新真理的光芒。

其次，坚持不懈研究新问题。

要想发现真理，首先要有一双发现真理的眼睛，真理的产生源于对生活的指导，当我们在生活中遇到难以抉择的问题时，就是对真理有了新的需要的时候。此时，这个“问题”就成为蕴含真理的一片沃土。我们要坚持不懈地对这一问题展开研究，直至得到某一结论。然而这一结论是否是真理还需进行实践的检验，毛泽东说过，“实践是检验真理的唯一标准”，对于某个结论是不是真理，要放在实践中去进行检验。一般说来，经过实践检验证明是错误的认识，就不是真理；反之，经过实践检验证明是正确的认识，就是真理。

最后，不断思考打开真理之门。

老子云：“智慧出，有大伪。”当一种被认为是真理的思想推出的时候，必须要进行独立的思考，想一想这个真理是否符合我们的实际情况。真理要不断地探索、求证和补充，并不是先人确定了后就一成不变。每个人在探求的过程中去发现真理时，都需要孜孜不断地思考。真理是由人们一生学识的沉淀堆积而成，而对问题的提出是十分关键的，但在成功与发现之间，有一种必要而不可缺少的元素——思考。没有充足的思考，即使发现了一个真理的痕迹，也无法去真正发现与探索真理。

因此，人们要时刻努力学习，为自己人生中真理的“长征”做好准备，不要去顽固地去钻“牛角尖”，因为我们没有充足浓厚的学识去走真理的“悬崖峭壁”，但我们可以自己去做一些力所能及的事。在寻找真理的道路上，成为一个踩在别人肩上直通成功的人。

4.追求真理要有献身精神

真正可怕的，还不是那种人人难免的一念之差，而是那种深入习俗盘踞于人心深处的谬误与偏见。尽管人世腐败，但只要人接触到真理，还是不能不被真理所征服。因为真理既是衡量谬误的尺度，又是衡量自身的尺度。

——论真理

在过去的几个世纪，人们在科学问题上的成功探索上，不仅要付出一定代价，有时还要以生命作为真理的祭品。1327年，意大利天文学家采科科达斯科里活活被烧死，他的罪名只不过说了地球是球状，就因违背圣经的教义惨遭迫害。1533年，60岁的波兰科学家哥白尼完成了他的巨著《天体运行论》，提出了“日心说”，被世人称为“哥白尼革命”，但是因为害怕教会迫害，到了古稀之年才决定出版，而直到他逝世的那一天，才收到出版商给他寄来的书。1600年2月17日，意大利哲学家布鲁诺，在罗马百花广场被活活烧死，因为他到处宣传哥白尼的学说，动摇了地球中心说。

从这些历史中我们可以看出，古人为了探索真理，付出了很大的代价，有时甚至是生命。为什么在对真理追求的历程中，人类要付出这样高昂的代价呢？这自然是由真理的本性与价值所决定的。真理是对客观现实事物本来面目的正确反映，也是一种实事求是的态度，按照常理来说，大多数正直的人是会欢迎的，因为这符合他们的利益；但是，对有些人来说，为了维护自己的既得利益，害怕变革，而不惜采取各种手段打击、迫害坚持真理的改革派。因此，人们如果要坚持正确观点、反对错误观点，就要有一定的自我牺牲精神。

1899年，瞿秋白出生在江苏常州，作为党的重要领导人之一，他在短暂的一生中，为党和人民作出了巨大贡献，留下了丰富的思想和文化遗产。瞿秋白对中国革命一系列基本问题的探索精神、作为学者型革命家的高尚品德和风

范，始终以深沉的内涵闪耀着光辉，给人启迪，让人怀念，催人奋进。

西哲有言：“当人们相信他们能够为真理自身之故而追求真理时，他们实际上是在真理之中追求生命。”这句话用在瞿秋白身上，再贴切不过了。

正是为了追求真理，面对内忧外患的中国，他立志要“辟一条光明的路”，为救国救民奋斗献身。正是为了追求真理，当他遭受王明“左”倾错误路线迫害，而无法在党的领导岗位上继续工作的时候，他并没有因困难而退缩，而是很快在文化战线上打开了新的局面，为中国革命文化事业作出了不可磨灭的贡献。正是为了追求真理，他在担任党的主要领导人期间，曾犯过“左”倾盲动错误，但是很快就承认和主动纠正了错误。在中国这样具有特殊国情的东方大国领导革命，能够少犯错误已难能可贵，犯了错误能够自己纠正尤为可贵。瞿秋白就是这样一位真正坚持实事求是原则、尤为可贵的马克思主义者。

瞿秋白被俘以后，在敌人的监狱中始终坚贞不屈，他对劝降者说：“人爱自己的历史，比鸟爱自己的翅膀更厉害，请勿撕破我的历史。”临刑时他高唱着《国际歌》坦然走向刑场。虽然敌人可以消灭一个革命者的肉体，但是正如鲁迅先生指出的那样：“瞿秋白的革命精神和为党、为人民的崇高品格是杀不掉的，是永生的！”

人民群众对瞿秋白的敬仰和怀念，不仅因为他为党和人民作出过杰出贡献，而且还因为他具有忠诚、勇敢、刚正、坚韧的高尚品德，具有用生命追求真理的革命精神。他短暂的一生，无时无刻不在践行着他的伟大人格和崇高追求，并以他的人格魅力和对真理的执着追求精神来教育、激励、警醒当时和今后无数人的一生，他永远活在人民的心目中，永远活在民族的灵魂里。

当然，我们还应该承认一个事实：如何在纷杂的世界里分清“真理”与“谬误”也是相当困难的。在抗战时期，瞿秋白与敌人所代表的是两个阵营、两种信仰，各种社会思潮互相混淆，甚至是非颠倒，于是，人们往往可能把谬误说成是“真理”，把真理说成是“谬误”。特别是由于不同社会集团的利益博弈，造成真理、权力、利益这几个因素的交织状况，更加形成了真理与谬误界限的混淆不清。在这样的情况下，要坚持真理、反对谬误，不但要有哲学认识论的智慧，而且还要有自觉推进社会改革的勇气，甚至还要有献身精神，能够敢于为追求真理而牺牲，这样的人虽然肉体销毁了，但精神却能够永存不灭。

5.人为什么要说谎

使人们好伪说的原因，是人们找寻真理时的艰难困苦，亦不是找寻着了真理之后真理所加于人们的思想的约束，而是一种天生的，虽然是恶劣的，对于伪说本身的爱好。

——论真理

在社会生活中，说谎是人类行为中的一个重要方面，说谎在道德上是错误的，也通常是不被人鼓励的，但它却能自然而然地存在于人类社会中，这是非常值得我们思考的一种现象——究竟人为什么要说谎呢?

曾有学者指出，人撒谎主要有以下几种原因：

1.逃避惩罚

逃避惩罚是人说谎最主要的一个原因，当人们觉得会因为自己的作为而引来麻烦时，就容易用说谎掩饰自己的错误，这是一种极其自然的反应，人们希望谎言能保护他们免受惩罚。

2.提高自己的形象

每个人都希望自己在别人面前是一个谦逊有礼，事业有成的成功者形象，这一方面是人类的虚荣心在作怪，另一方面也能帮助人们在社会上更好地生活。

3.维持自尊

人们在有同伴的时候比较容易说谎，他们通过说谎来保护个人及他人的隐私和维持自我价值及自尊。如果某人说谎但并不意欲伤害他人的情感，那么这样的谎言就不被视为欺骗及有害的。

人们说谎还有很多其他的原因：开玩笑或捉弄人般地说谎是无害的谎言，也称为戏虐性的谎言；缺乏完整知识地传递讯息称为流言，这也是谎话的另一种形式；商人刻意忽略某些事实来误导消费者购买商品，这种“刻意忽略”也是谎言的一种；一个医生为了避免引起病患家属的惊吓而不告诉病人健康实情，这也是说谎，不过却是一种无害的“善意谎言”。

培根在其著作《论真理》一文中，曾一针见血地指出：“似是而非的谎言令人愉快。假如一旦把人们心中那种种自以为是、自以为美的幻觉、虚妄的估计、武断的揣想都清除掉，就将使许多人的内心显露出原来是多么的渺小、空虚、丑陋；以至连自己都要感到厌恶。”由此可知，有些人可能并没有真才实学，但却用说谎的手段为自己谋得了客观的利益，他们用谎言为自己塑造了富有、博学、谦逊等假象，帮助自己在社会上取得很高的地位。长此以往，人们就会将说谎这种行为定义为“值得学习”的行为，可实际上，这对社会的发展却是百害而无一利的。

从前，有个放羊娃，每天都去山上放羊。一天，他觉得十分无聊，就想了个捉弄大家寻开心的主意。他向着山下正在种田的农夫们大声喊：“狼来了！狼来了！救命啊！”农夫们听到喊声急忙拿着锄头和镰刀往山上跑，他们边跑边喊：“不要怕，孩子，我们来帮你打恶狼！”农夫们气喘吁吁地赶到山上一看，连狼的影子也没有！放羊娃哈哈大笑：“真有意思，你们上当了！”农夫们生气地走了。第二天，放羊娃故技重演，善良的农夫们又冲上来帮他打狼，可还是没有见到狼的影子。放羊娃笑得直不起腰：“哈哈！你们又上当了！哈

哈！”大伙儿对放羊娃一而再再而三地说谎十分生气，从此再也不相信他的话了。

过了几天，狼真的来了，一下子闯进了羊群。放羊娃害怕极了，拼命地向农夫们喊：“狼来了！狼来了！快救命呀！狼真的来了！”农夫们听到他的喊声，以为他又在说谎，大家都不理睬他，没有人去帮他，结果放羊娃的许多羊都被狼咬死了。

随着社会的发展，说谎越来越为公众所不齿，放羊娃一次一次地喊着“狼来了”，看着农夫们上当的样子哈哈大笑，但最后当狼真的来了，已经没有人愿意相信他、帮他打狼了。这个故事告诉我们，说谎并非总是那么好使，即便得逞于一时，也无法长久得利。

如今，人们的依赖性比以往任何时候都高，社会更是一个复杂的有机体，对诚信的要求远比原始社会或者其他社会发展阶段要高得多。在这种情况下，如果一个人恶意撒谎，那一定会将别人对你的信任破坏殆尽，你将为此付出高昂的代价。如果所有社会成员都争相效法，社会生活缺少诚信，那我们这个社会的运行成本无形之中会增加很多，经济发展速度就会减缓，甚至停滞不前，人们将为自己的说谎行为付出沉重代价。

6.正直是人的品格魅力

即使那些行为并不坦白正直的人也会承认坦白正直地待人是人性的光荣，而真假相混则有如金银币中杂以合金一样，也许可以使那金银用起来方便一点，但是把它们的品质却弄贱了。

——论真理

有的人可能身材魁梧、器宇不凡，但是做人卑劣、言行不一，与他相处下来人们会觉得其矮小猥琐；有的人可能其貌不扬，毫不起眼，却诚实守信、正直不阿，与他交往后人们反而会深深地敬佩他，觉得他的精神极其高大。正所谓看不见的力量才是伟大的力量，正直这个词，包含了真诚、诚实、正义的意思，是人的品格魅力，能够让人敬佩和信任。一个人如果说话做事总是绕圈子，躲躲闪闪，反易让人心生疑窦；而一个正直的人，做事总是光明正大，不会为了名利而让步，这样的人才会真正使人折服。

有一位名医，在当地享有盛誉。有一天，一位青年妇女来找他看病。经过检查后发现，这位妇女的子宫里有个瘤，需要手术摘除。手术很快就安排好了，手术室里都是最先进的医疗器材，对这位有过上千次手术经验的名医来说，这只是个小手术。他切开病人的腹部，向子宫深处观察，准备下刀。但是，他突然全身一震，刀子停在空中，额头冒出豆大的汗珠。他看到了一件令他难以置信的事：子宫里长的不是肿瘤，而是胎儿！

名医的手颤抖了，内心陷入矛盾的挣扎中。如果他硬把胎儿拿下，然后告诉病人摘除的是肿瘤，病人一定会感激他；相反，如果他承认是自己看走了眼，那么他将会名声扫地。

经过几秒钟的犹豫，名医终于下了决心，他小心地缝合刀口，之后回到办公室，静待病人苏醒。然后，他走到病人床前，对病人和病人家属说；“对不起！我看错了，你只是怀孕了，没有长瘤子。所幸及时发现，孩子安好，你一定能生下一个可爱的小宝宝！”

病人和家属全呆住了，过了几秒钟，病人的丈夫突然冲过去，抓住名医的领子吼道：“你这个庸医，我要找你算账！”

事后，这位妇女平安产下了孩子，但医生却被告得差点儿破产。有朋友问他，为什么不将错就错，就说那是个畸形的死胎，又有谁知道呢？“老天知道！”名医只是淡淡一笑。

我们不得不佩服这位名医，在名誉与道德的杠杆上，他倾向了后者；在通往众人景仰的名誉圣殿与万人唾弃甚至是破产失业的路上，他也选择了后者。他的正直，展现给我们的是怎样一种品格魅力啊！

正直，是一个人的品格魅力，是公正无私，坚持原则的人生信条，虽然现实生活中有不少“老实人吃亏，正直人遭殃”的事实，让很多有良知的人不寒而栗，那是因为他们缺乏了一个人最应该具备的品质——正直。这样的人充其量只是一个奴才，一个傀儡，其实任何人都不想被奴化，只是面对金钱、名誉、地位的引诱让他们迷失了做人的本性。人，为自己的得失名誉去委曲求会，算不上一个真正有血性的人。不顾自己的得失名誉，去尊重事实，维护真理，这才是令人钦佩的勇者。

对很多人而言，做到正直是一件很难的事，人们常说，世间有一件事最难，那就是做人。“做人难，难做人，人难做”，仅仅九个字就道尽了人世间的种种酸、甜、苦、辣。人活在这个复杂的社会当中做一个正直的人更是难上加难。

有这样一篇寓言故事：老狐狸教了小狐狸遇到弱者就咬，遇到强者就讨好献媚后，又教小狐狸练长跑。小狐狸不耐烦地说：“爸爸，你不是说有了欺弱捧强的这两种本领后就能吃一辈子吗，为什么还要练长跑？”“孩子，”老狐狸说，“这两种本领虽然是我们的传家宝，但如果遇上不吃拍马这一套的强者怎么办？只有用跑来逃命呀”。小狐狸说：“做个正直的狐狸不就用不着去学这些危险、丢脸的本领了吗？”“说是这样说。”老狐狸说，“可我们狸族的祖宗八代不知试了多少次，要做到正直、诚实比学会这三种本领难上几万倍。”

其实，正直是人类的脊梁，更是一个人处事的根本，正直给正直者的事业带来了很多利益，使他轻而易举就化解了生活的波折和事业的挫折，正直还可以给人们带来友谊、信任和尊重，因此，让我们也努力做一个正直的人吧。

7.做一个正直的人需从多方面努力

当然，一个人的心若能以仁爱为动机，以天意为归宿，并且以真理为地轴而动转，那这人的生活可真是地上的天堂。

——论真理

做一个正直的人要从多方面努力，不仅要办事公道，有正义感，所作所为也要符合社会道德和良知规范，不贪图私利，不受人事关系所左右。哪怕因为自己的正直和真诚，一时看不到既得的利益，也要坚持这样的做人标准，不能有丝毫的动摇和转变。

首先，做一个正直的人，要加强自己的社会责任感。

我们的社会是一个群居社会，每个人都是社会的一分子，我们要明确知道自己应该如何在社会生存，应该为社会做出怎样的贡献。只有把自己的命运与集体、国家、社会的命运紧密结合起来，才有正直品德的思想基础。

我国西北某地一位农村女学生在高考中以优异成绩被某名牌大学录取，可她却为没有学费而发愁。一家生产健脑口服液的企业获知这一信息后表示愿意出两万元资助她上学，条件是要她做一则电视广告，说是服了这家企业生产的健脑口服液后思维敏捷，才一举夺魁的。

一则几秒钟的广告可取得如此丰厚的报酬，以解燃眉之急，何乐而不为呢？可这位女学生却没有答应，她说："我家清贫，上中学的学杂费都是父母东拼西凑的，我从来没喝过口服液，也根本喝不起。是老师的辛勤教诲和自己的刻苦努力，才取得这样好的成绩。如果我违心地做了这个广告，今后在社会上还怎么做人？"多实在的话！它折射出一个正直学生美好的心灵。

两万元资助，对一个家境贫寒而又急需钱用的学生来说是一笔诱人的数目，可她却毫不动心，断然谢绝。在当今社会中，不知有多少人为了金钱，在

激烈的广告大战中，竞机亮相，说大话，讲假话，欺骗观众，与他们相比，这位女学生的正直品质显得多么高尚。

其次，做一个正直的人，要提高自己的道德修养。

正直，不是孤立的品格，它与一个人各方面的思想道德密切相关。一个不善良的人，谈不上正直，因为他没有同情心，就不会疾恶如仇；一个不勇敢的人，也谈不上正直，因为他胆小怕事，就不会揭发批评坏人坏事。因此，要使自己成为一代新人，必须自觉提高道德修养，净化自己的灵魂，必须从各方面加强自己的思想品德修养。我们可以多读书，多了解我国的历史，了解什么是中国人的传统道德，从中华民族优秀的道德传统中汲取养料，使正直有一个整体的道德基础。

再次，做一个正直的人，要学会实事求是地面对问题。

在今天这个社会上，有些人没有自己立场，对上级提出的指令不敢有半点异议，不管这指令是对是错就盲目实行。当我们遇到这种情况时，不能急于表态、盲目行事，应该做深入细致的调查研究，实事求是地面对问题，了解事情的来龙去脉后再采取行动。发表意见，也应根据问题的不同性质、情况，讲究策略，千万不能把“炮筒子脾气”当成正直的代名词，讲究策略，无损于正直的品格，如果发现了明显的坏人坏事，则应当机立断，采取行动。

最后，做一个正直的人，要经常反省自己的言行。

任何优良道德品质的形成，都是有一个过程的，从开始有所认识，到真正成为自己的品德，需要经过反复认识、反复实践的过程，自我教育起着关键性的作用。因此，我们要时刻反省自己的言行，看是否有背于正直的品格，及时改正不足。即使一种品德在自己身上养成了，也不会一劳永逸，客观世界在发展变化，主观世界也在发展变化，自我教育永无止境。

相信你经过自己的努力，一定会成为一个正直的人。

8.生死两相安

成人之怕死犹如儿童之怕入暗处；儿童的天然的恐惧因故事而增加，成人对于死的恐惧亦复如此。当然，静观死亡，通往另一世界的去路者，是虔诚而且合乎宗教的；但是恐惧死亡，以之为我们对自然应纳的贡献，则是愚弱的。

——论死亡

一般人皆认为，死亡是最无意义的东西，更多的人认为死是一种结束，离别是一种割裂，而人生就是由这些生生死死、离离别别构成的，这让人恐惧不已。其实说起来，人们喜生厌死，根本原因是将他们总将两者截然两分。实质上，“生”与“死”犹如连体婴儿，人类是无法将它们分开的。培根曾说，“死亡与生命都是自然的产物，一个婴儿的降生也许与死亡同样痛苦”，死是蕴含在生命之内的，宇宙间的有生之物无不如此。

人生一世，有生必有死。死亡的存在，使“生”的意义更加突出而珍贵。因为死亡，人们认识到生命是有限的，认识到我们生命中的每分每秒都是弥足珍贵的。为了让我们的生命更加充实，为了让我们人生的每一步都烙下深深的印记，死亡以它特有的形式，时刻警醒着人们珍惜生命中的点滴。

从前，有个热心访道的某教修士，访道途中听说舍卫国人通晓经义、大道，远远超过其他国家的人民。于是他千里迢迢地来到了舍卫国。经过某处田野时，他看见有一对父子模样的人在田间耕地。儿子不慎遇到毒蛇，被蛇咬伤。父亲不理不顾，仍自在耕地。不一会儿，儿子中毒死了，父亲见状，未尝有异色。修士甚是奇怪，确定了亡者是生者的亲生儿子后，他更是惊异于父亲的平静。父亲说：“即便我哭得天昏地暗，废寝忘食，对亡者又有何益？我家住在城东面，您是要进城吗？那就麻烦您给我家里传个话，就说我儿子已经死了，送饭的时候不必准备他的了。”

修士心想，这个人亲儿子死了，不仅不难过，反而惦记着饭食的事，真是没有一点慈爱。他来到城东的农人家，对死者的母亲诉说了这件事，并针对死者父亲的平静表达了自己的疑惑。死者母亲便告诉他：“儿子就像一个过客，要来便好好接待，要走也不强留。为此伤痛，可谓痴人。”修士见死者母亲也如此心肠，便又向死者的姐姐诉说了这事，见其行状，又问道：“您的弟弟死了，您为何一滴眼泪也没有？”这位姐姐答道：“一家中的兄弟姐妹，就像暂时被绑在一起、放在水边的柴禾。绳子总会断，柴禾也会落入水中随波逐流。彼此之间本就难以相互照应，又何必耿耿于怀呢？”修士无奈，又找到死者的新婚妻子，告知此事。同样，妻子并不悲戚，对修士说：“夫妇相聚，转瞬须臾。有缘则聚，无缘则散。你看那林中的鸟儿，晚上在一个枝头休息，白天便各自飞去。人的寿数、缘分都是命定的，没什么好强求。”修士又找到亡者家中老奴，老奴道：“主人和家奴的关系，就像大牛和牛犊。牛犊要跟着大牛才有饭吃，家奴要靠主人才活得下去。大牛出事了，牛犊也没办法。寿命无常，我难过又有什么用。”这些人的话语，有如三九天的一盆盆凉水，不断浇到修士头上。他头昏眼花，暗自想道：“我慕名而来，想探寻经义大道，却看得、听得这些情状。这几个铁石心肠的人着实让人失望。”

修士来到佛祖面前，将途中所见所闻统统告诉了佛祖，要佛祖给个论断。佛祖说：“这五个人都知道诸行无常的道理，能够乐天知命，是明经达道的智者。不管什么身份、学识、品性，每个人都要经历蜕化这一步，这绝不是忧伤悲戚能阻止或改变的。”听完如来这一番开解，修士如醍醐灌顶，恍然大悟，他说：“听了佛祖的教诲，快乐得就像病体康复，就像渴时得以痛饮，就像盲人重见光明，就像常人走出暗室，重见天日。”说完，他行礼如仪，然后便高兴地回去了。

看完这个故事之后，很多人的想法更接近听了如来教诲之前的修士，因为困扰人们人生的最大苦恼就是生死和离别。作为尘世中的一介凡夫俗子，如果没有如来的佛眼，谁又能看得透生死轮回，因果报应，从而淡然面对生死呢。

即使如此，死亡仍是我们每个人都逃不脱的人生宿命，即使恐惧、害怕，我们仍将会面临死亡。但是，如果我们从另一个角度出发，就可以发现，从实质上说，死亡也是一种成长，它是人生的最后一个成长阶段。直到逝去的那一刻，每个人都在不断成长着。因此，对于死亡，我们不必恐惧，也无须恐惧。我们所要做的，应该是深入地探索，在探索中寻求死亡包含的哲理。

有生必有死，每个人从出生的那一刻起，便踏上了走向死亡的旅途。我们只要明白了这个道理，就能够学会在体验生命的过程中去沉淀、积累对死亡的思考和探索。在这份思考和探索中，我们会形成一种积极健康的人生观、价值观，会努力地使自己的生命获得更大的发展，从而更有价值。

珍惜生命、珍爱生活，把握人生中的每分每秒，不断努力地开创天地，珍视身边的每一份感情、每一个同伴，不畏艰险、不惧改变，大胆尝试人生百味——当一个人能够做到这些时，那么他在弥留之际，便会心无所惧、淡定平和。他会为自己即将迎来的长眠而欣慰，更会因自己的逝去为另一个生命的诞生作出的基础而感到喜悦。这种境界，也就是我们所说的“生死两相安”。

9.无惧生死

死与生同其自然；也许在一个婴儿方面生与死是一般痛苦的。在某种热烈的行为中死了的人有如在血液正热的时候受伤的人一样，当时是不觉得痛楚的；所以一个坚定的，一心向善的心智是能免死的痛苦的。

——论死亡

如果说人生是一连串的偶然事件拼接起来的，那么死亡就是这些偶然事件所结成的必然结果。从某个角度来说，死亡是世间最公平的一件事：从古至今，无论是天皇贵胄，还是市井九流，谁也逃不脱死亡的最终结果。古往今来，在死亡面前，少有谈笑自若、淡定从容者；大部分人对于死亡始终抱着一颗敬畏而惧怕的心。而那少数不惧死亡的人，在明知道自己即将与世界告别、与亲友挥手之际，往往能够笑对屠刀、慷慨凛然。他们是为了坚持真理，还是维护正义；是为了保家卫国，还是为了全民族乃至人类的共同利益？其实，究其根本，支撑起他们强大意志、给他们莫大勇气的，就是他们内心深处所坚持的信仰。是信仰，让一个人所向披靡；是信仰，让一个人无惧生死；是信仰，让一个人清楚明白地知晓，死亡带来的不是消亡，而是精神的永生。

乔尔丹诺·布鲁诺是伟大的思想家和自然科学家。1548年，布鲁诺出生于意大利那不勒斯附近的一个没落小贵族家庭。在他11岁那年，他进入一所私立的人文主义学校就读。后来，布鲁诺进入了多米尼克僧团的修道院，翌年便成为正式僧侣。通过不懈的努力，十年之后，布鲁诺获得神学博士的学位。

在这段修学的时间里，布鲁诺手不释卷，日夜攻读。在他读过的典籍文献中，哥白尼著作的《天体运行论》，对他产生了巨大的影响。布鲁诺身为神学博士，却偏偏对哥白尼的“日心说”极感兴趣，进而开始研究自然科学。渐渐地，“不务正业”的布鲁诺对自己的主业宗教神学提出质疑，他甚至还写了一些批判《圣经》中荒谬之处的论文。

布鲁诺如此“离经叛道”的行为，使得教廷大为恼火。对哥白尼学说的信奉，使他成为宗教徒中的叛徒。1576年，教廷指控布鲁诺为异教徒，革除了他的教籍，就这样，年仅28岁的布鲁诺被迫逃出修道院，开始了自己四处漂泊的生活。瑞士的日内瓦，法国的巴黎、图卢兹，英国的伦敦，德国的维登堡等地方，都留下了他的足迹。然而，不管流浪的生活多么艰辛困苦，布鲁诺始终坚持信仰，到处宣传科学真理。他以做文章、作报告以及参与大学辩论会的形式，以其锋利的笔尖和喉舌，以无所畏惧的信念，不断地宣传、歌颂哥白尼的学说，反驳、批判官方经院哲学的腐旧死板。

布鲁诺在哥白尼“日心说”的基础上，提出了宇宙无限论。他认为宇宙是无限的，太阳系以外还存在着难以估量的天体世界。地球只是浩瀚宇宙中的一粒微尘，在其他行星上也可能存在生命。他的理论，使得几千年来人们脑海中关于地球和宇宙的认识受到了极大的冲击，很多人认为布鲁诺的言论耸人听闻。而他的远见卓识，使得与他同时代的人甚为震惊，乃至茫茫然不知其所言。

如果对于普通人来说，布鲁诺还只是个“胡言乱语的疯子”，那么对于天主教会来说，布鲁诺简直就是罪该万死的不赦恶徒。为了抓捕布鲁诺，他们暗施诡计，先收买了布鲁诺的朋友，将布鲁诺骗回国内，然后迅速逮捕了他。布鲁诺被抓捕后，一直被囚禁在宗教判所的监狱中。从他1592年5月23日被捕至1600年遇害，在长达8年的时间内，他一直承受着来自天主教会的审讯和折磨。

天主教会鉴于布鲁诺在民间的声望，因此妄图使布鲁诺当众承认自己的错误，以此来搞臭他的名声，让他名誉扫地。然而，这也只是他们“美丽的幻想”，面对威胁和恫吓，布鲁诺坚定不移，毫不动摇自己的信仰。绝望的天主教会撕下了伪装，他们直接向当局建议，要将布鲁诺处以火刑。对此，布鲁诺仿佛已经有了预见，他不动声色地听完了宣判书后，以平静的声音和轻蔑的笑容面对着那些急着置自己于死地的人说：“我相信，说起恐惧感，走向火堆的我，比此时宣读判决的你们要轻多了！”1600年2月17日，在罗马的百花广场上，布鲁诺从容就义。

两百余年后，1889年，人们为了纪念不畏死亡，坚持与教会、神学作斗争，为科学发展作出伟大贡献的布鲁诺，在他牺牲的百花广场上立起了他的铜像。

培根曾说，“在炽热如火的激情中受伤的人，是感觉不到痛楚的，而一个坚定执着、有信念的心灵也不会为死亡畏惧而陷入恐惧”。布鲁诺为了坚持哥白尼的日心说，无惧生死，最终被教会活活烧死，但是正因为布鲁诺的坚持，

才有了我们今天对宇宙的正确认识。布鲁诺虽然已经逝去，但是他伴随着真理一直活在我们的心中，他为真理献身的死亡成为了永恒的美丽。

死亡，对于大多数人而言是一个比较恐怖的经历，人的生命只有一次，死亡也只有一次。司马迁说过："人固有一死，或重于泰山，或轻于鸿毛。"死亡，远远没有大多数人想象中那么可怕。它并不会让个体的价值因肉体的消亡而就此消逝，相反，有时个体的价值还会因死亡而升华。只有我们真正地摆脱了对死亡的畏惧，才有可能认识死亡、看到死亡对于人生的意义和价值。当我们意识到这些以后，就应该有所感悟、有所追求，就应该努力让自己在有限的生命中活出无限的精彩。当我们在不断进取中积累生命的意义，当我们在奋发向上中感受人生的真谛，我们便不再对死亡万般恐惧，也可以说，我们已经在超越死亡的道路上，更加看清了生命的方向。

10.人的天性

天性常常是隐而不露的，有时可以压伏，而很少能完全熄灭的。

——论人的天性

人类的天性包括后天培养起来的道德意识和道德状态，由于不同思想观念、文化背景、审美方面表现出来的差异，构成了人的个性的千姿百态。培根曾说"天性常常是隐而不露的"，诚然，天性是来自遗传基因，是与生俱来的，但它们并没有被戴上枷锁，它们也并没有任何奴役我们一生的魔力。天性，有些是能成为帮助我们成功的助推剂，有些却是束缚我们双脚的迷魂汤，下面我们通过几个例子，看看什么是天性。

好奇——人类天性之一。

曾经有这样一个笑话：在城市的某个十字路口，发生交通事故。不到几分钟，围观看热闹的人群就在事发地点周围里三层外三层地围了起来。大家边看边七嘴八舌地议论着。

“这是谁带出来的，不好好看着，看，出事了吧……”

“我看是活不成了，你瞧，头上那大口子哗哗流血……”

这时，大愣经过此地，一见大家在围观，好奇心立刻被勾了起来。他有心凑近瞧个明白，可围观人群太多，他实在钻不进去，情急之下，他“急中生智”，大喊一声：“让开，是我儿子出事了！”

大家听到这话，“唰”的一声给大愣让出了一条道儿。大愣趁机几步冲到人群中心，这才看到，是一只狗被车撞了……

从这个笑话中，我们看到了人类共有的天性——好奇。我们说，很多人的成功，都来自好奇，来自他永不疲惫的探索之心。然而，这并不代表有了好奇心就可以获得成功。成功，需要好奇，需要探索，更需要持之以恒的努力与孜孜不倦的追求。

如果说成功是一棵已经长成、枝繁叶茂的大树，那么好奇心就是这棵大树的种子，是这个大树得以萌芽、得以成长的最初前提。一个人只有拥有了好奇心，才会去探索，才能在探索中发明创新。成功=好奇心+努力+坚持，这个公式不能说百分之百正确，但很多人的成功大抵如此。长久以来，人们将好奇心称作成功者的第一美德；并且认为，对于一个有理想、有抱负的人来说，它是一笔财富，一座宝矿。

贪欲——人类天性之二

华子放暑假时，父母带他来到老家，和爷爷共聚天伦。这天，爷爷来了兴致，要给华子捕麻雀。华子听了，高兴得直拍小手，欢跳着跟爷爷来到院子里布置“机关”。到了院子当庭，爷爷教华子用一种十分简便的捕猎机——把一只笸箩用木棍支起一个角，木棍上系一根绳子，绳子一直延伸到人躲藏的屋

中，人手握绳端。笸箩的下面和周围撒了一些小米，就等着馋嘴的麻雀来吃。等麻雀一路啄着小米到了笸箩底下时，人一拉绳子，笸箩罩下，里面的麻雀便成了瓮中之鳖。

华子按照爷爷的指示，很快就搭建好了捕鸟器。他藏进屋中不一会儿，院子里就飞来了十几只麻雀。麻雀们四处觅食，很快就有8只顺着小米来到了华子的笸箩底下。华子看着笸箩外还剩六七只，心想，怎么也得凑够10只再拉绳子。可是，他等啊等，始终没有凑够10只。笸箩底下的麻雀不仅没有变多，反而在一只只地往外走。当笸箩下剩下5只麻雀时，他有些懊恼了，于是决定，只要再走进去一只，他就拉绳子。可是，就在他继续等待时，又有三只麻雀吃饱了走出了笸箩。看着仅剩的2只麻雀，华子更加不甘心，一心要等离开的麻雀再回来。然而，没多久，最后2只麻雀也打着饱嗝儿飞走了。

华子生气得直跺脚，爷爷慈爱地笑了，他抚着华子的小脑袋，说："孩子，今天就是为了让你知道这个道理，人心是永远无法满足的。贪婪，不会给你带来更多，只会让你失去更多，甚至会让你连原本到手的也得而复失。"

从这个小故事中，我们看到了人类的第二个共性，贪欲。

关于贪欲，类似的寓言、故事还有很多，都是为了诫告人们警惕贪婪。"贪"是人类的天性，是自然而然的，也是阻止不了的。强行阻挡贪欲，是一种违背科学规律的行为。

然而，凡事有因必有果，有得必有失，有获取，也就必须有付出。从"平衡"的角度来说，一个人的贪欲得到了满足后，在奉献方面，他也必须作出相对的回应，换言之，他需要让利己和利人这一对矛盾的思想行为相辅相成，共同发展。这堆矛盾有如孪生儿，相辅相成，缺一不可；在我们的人生中，它们又如影随形，始终伴随着我们的生命而存在。例如，有些人得到感情，却失去了钱财；有些人得到钱财，失去了感情；有些人获得了家庭责任，也就相对失去了个人自由；有些人自由自在，他却无法享受家庭责任带来的温暖；有些人延续了生命，却失去了灵魂；有些人断送了性命，灵魂却得到了永生。从很多事例中，我们都可以看到，只有贪婪和奉献这对矛盾能得到健康的、平衡的发展，我们个人、集体乃至整个人类的生存，才能达到理想的状态。比如，有的人违反了法律法规等公共条约，他们便必须在一定的时间内以一定的方式接受约束或惩罚，以此来改正自己、平衡自己。否则，他们的贪欲会一再放大，平衡一再被破坏，最终的结果只能是被规则遗弃。对于这种现象，古人早已有了很好的概括："多行不义必自毙。"

通过以上两个例子，我们可以看出，天性是与生俱来的，但如何应用天性却在于人自身，因此，在我们的生活中，我们要学会把握事物的天性，掌握事物的规律，这样可以帮助我们少一些烦恼，多一些从容，轻松取得进步与成功。

11.顺应天性是一种智慧

凡是天性与职业适合的人是有福的人；反之，那些从事于他们本不想做的事业的人，他们可以说："我的灵魂曾久与天性不合之事物周旋。"

——论人的天性

现实生活中，总有一些人喜欢跟风做事，但是模仿得十分被动和辛苦，而且永远达不到目的，这是因为人的天性不同所做的事情成就也就不同，培根说："凡是天性与职业适合的人是有福的人"，否则的话，从事不喜爱的工作，就是机械地完成任务，无聊无趣且十分被动。草籽不是想着"我要努力"就能长成参天大树，白杨不是想着"我要绽放"就能开出牡丹一样国色天香的花朵，牡丹不是自我暗示"我不怕冷"，就能像腊梅一样傲然霜雪。适合自己

的就是最好的，我们没有必要跟风去追寻别人的足迹，顺应天性才是人类的生存之道。

惟俨禅师带着两个弟子道吾和云岩下山，途中惟严禅师指着林中一棵枯木问道：“你们说，是枯萎好呢，还是茂盛好？”

道吾不假思索地回答：“当然是茂盛的好。”

惟俨禅师摇摇头道：“繁华终将消失。”

这一来，答案似乎已经明确，所以云岩随即转口说：“我看是枯萎的好。”

谁知惟俨禅师还是摇了摇头：“枯萎也终将成为过去。”

这时，正好有一位小沙弥从对面走来，惟俨禅师便以同样的问题来“考”他，机灵的小沙弥不紧不慢地答道：“枯萎的让它枯萎，茂盛的让它茂盛好了。”

惟俨禅师这才颔首赞许道：“小沙弥说得对，世界上任何事情，都应该听其自然，不要执着。”

万物的枯荣有其规律，盛开的花儿不会因为你的夸赞而常开不败，长青的树木不会因为你不喜欢而落叶，自然的法则是博大的，也是残酷的。人生在世，美貌、权力、财富、名誉都不过是过眼烟云。这告诉我们，人应该学会顺应自己的天性，顺其自然地活着，如若刻意追求反而会被其所累，迷失了自己。

丽雅20岁出头，就已在某省会的歌舞团有了自己的一席之地。这天，她随团在某市的剧场演出后，有位白发老人来到后台，给她泼了一盆冷水。

“在演唱方面，你的天赋是常人难以企及的。但是，如果你继续这样发展下去，最终也只能是个二流的歌手。”

“什么？这是为什么？”丽雅还是头一次听到别人这么评论她，因此十分惊讶。

“一切都源自你的龅牙。你自己也觉得牙齿影响了你的美观，因此你在台

上唱歌时，总是努力合上嘴巴，以掩饰龅牙，这让你的演唱和举止都变得不自然。孩子，不妨听老朽一言。龅牙并没有什么妨碍，它反而可以成为你独树一帜的标杆。再上台的时候，不必忌讳它，用心唱歌吧，你将会为大家带来最动听的歌曲。”

丽雅用心记下了老者的话，从此在演唱时精神面貌焕然一新。后来，她成为了著名的歌手。

人生其实就像一个舞台，龅牙就像我们的天性，既是天生的，我们又何必对它耿耿于怀，让它影响了我们在舞台上的发挥呢？世界上没有两个完全一样的人，造物主给了每个人独一无二的天性，你要做的就是顺其自然，把自己的天性发挥到极致。

每个人都有着自己的独特能力和兴趣，每个人也应当获得属于自己的独特成功与幸福。如今，社会似乎有了一个荒谬的标准，有了一种刻板、教条的观念，认为成功的人一定是哪样哪样的，幸福的家庭一定有什么什么。然而，我们的人生，是我们自己的人生，即使每个人都在赛场上，都在奋力奔跑，我们今日要超越的，也是那个昨日的自己，而不是其他赛场上的别人。每个人的赛场与进步，每个人的幸福和成功，都有着自己的标准。很多令外人艳羡的成功人士，生活却并没有他人想象中的那般美满；有些人活得逍遥自在，快活舒适，他在旁人眼中也许只是个一文不名的穷酸。人活一世，只有顺其自然，自由发展，才能获得属于自己的成功；只有喜欢自己的生活，肯定自己的成就，才是享受到了真正的幸福。

水在流淌的时候不会去选择道路，它懂得顺应天然的本性，面对高山的阻挡、巨石的拦路，草原的平坦，遇方则方，遇圆则圆，自然而然地流入大海。顺应天性是一种态度，更是一种智慧，我们该记住一句老话：“是金子，在哪里都会闪光。”

12.天性引领你到达成功彼岸

一个人的天性不长成药草，就长成莠草；所以他应当及时灌溉前者而芟除后者。

——论人的天性

每个人都想要获得成功，从小到大，无论是在生活上、学业上、事业上，还是其他任何方面，几乎没有一个正常人会拒绝成功的来临。可见，成功是每个人内心深处最直白的一种渴望与追求。然而成功并不是信手拈来的，它需要人们有所付出。有人说努力就会获得成功，有人说坚持就会获得成功，甚至有人说失败也可催生成功……这些都不假，但其实真正的成功源于每个人内心，即自身的天性。

一个人从出生的那一刻起，自身就一定带着某一种独特的天性，这是命运给予的礼物。如有些人天生貌美，有些人天生聪慧，有些人天生坚毅等，这些潜能通常是在我们还没有确定自己人生目标的时候，甚至还不曾学会人情世故的时候就自然而然地表露出来的，我们就称为一个人的“天性”。

“一个人的天性不长成药草，就长成莠草；所以他应当及时灌溉前者而芟除后者”，这是英国著名哲学家培根所说的一句经典名言，一个人的天性就像一株草，不长成药草就会变成莠草，所以依据天性，顺应发展才是最好的成功方法。

微软公司的创办人比尔·盖茨出生于美国西雅图的富裕家庭，他成功致富的故事让世人津津乐道。比尔·盖茨的父亲是位律师，从小生长在优厚家庭的他却没有纨绔子弟的懒散恶习。事实上，比尔·盖茨相当独立，这是因为他的父亲老盖茨从小灌输他“要凭个人能力与努力赚取生活所需”的教育理念所致。

老盖茨说，儿子在11岁时，就表现出与众不同的智力水平，经常向父母问一些国际关系、商业和生命本质的问题，这些问题很有趣，不过却令他的母亲感到不安。

此时，盖茨已经开始顶撞母亲因为他感觉到她想要控制他，最终，两人爆发了一场激烈争吵，夫妻还带孩子去看了心理医生。比尔·盖茨后来回忆到当时他向心理医生表示，他正想与控制他的父母爆发战争，而当时心理医生告诉老盖茨夫妇，他们的儿子最终将赢得胜利，最好减少对他生活的干涉，孩子的天性不可被控制。老盖茨听进去了这番忠告，他知道儿子与自己的成长环境截然不同，并且认真地反省了自己的行为以及与孩子的相处之道。老盖茨夫妇最终掀开了抚养孩子的重要一页：选择放手。

从13岁开始，比尔·盖茨就充分发挥出对电子科技的浓厚兴趣，有些晚上，他会去华盛顿大学享受免费使用的计算机。大四时，他休学去华盛顿州南部的发电厂做了程序员，他的父母对他非常支持。当比尔·盖茨从哈佛退学，搬到新墨西哥州阿尔帕克基开创微软时，他们默许了，这样的决定通常很难获得父母的支持。

在父母亲的自由教育下，比尔·盖茨成了亿万富翁。老盖茨说，儿子对事情的看法非常顽固，我们家庭的活力就是在这些事情上不要干涉他，因为这只是浪费时间而已。并且他还骄傲地表示儿子是通过劳动与努力，而获取报酬与成功的最佳例子。

其实在许多事业有成的人士里面，除去那些偶然成功的幸运儿以外，只有不到40%的人是经历无数坎坷而得到成功的，还有60%以上的人都是通过自我兴趣的培养从而获得成功的，显然，比尔·盖茨就是顺应天性获得成功的最佳代表。而另外40%经历坎坷的人，也多数是在往自己兴趣的方向发展才得到最后的成功。剩下多数发展不成功的人里面，大多表示对自己现有的工作和发展方向不感兴趣，所以缺乏应有的自信与热情。

一个人自身所拥有的资本，包括外在的容貌、内在的气质、心智的发展，

志趣的培养，无一不可以视为天性，也无一不可视为成功的本钱，所以只要能够发挥出来，就能够不断创造新的财富、新的奇迹。如果你能找到最适合自己发展的成功道路，就能够更好地发挥自己天生拥有的一切才能，最快地、最有效地到达成功的彼岸。

13.好习惯可以打开成功的大门

压力之于天性，使它在压力减退之时更烈于前；但是习惯却真能变化气质，约束天性。

——论人的天性

作为平凡人的我们，如果没有深厚的知识基础，没有丰富的人生经验，那么我们该怎么通往成功呢？事实上，这个问题很简单：只要养成良好的习惯就可以。伟大的物理学家伽利略、牛顿、爱因斯坦等，勤奋好学，善于思考的良好习惯，使他们为人类的进步与科学的发展做出了不可磨灭的贡献；鲁迅先生“随便翻翻”的读书习惯，使他看书着迷，成为伟大文学家；华罗庚“刻苦自学”的习惯，终使“勤奋”出“天才”，成为著名的数学家。这些伟人都用自己的传奇人生告诉我们，一个好的习惯能帮助我们打开成功的大门。

良好的习惯就像一把专为打开成功大门而配制的钥匙，世间众生原本平等，成功者和失败者的区别，不过是手中的钥匙有所不同。渴望成功的人们，迈向那扇辉煌大门的第一步，就是摒弃自身的各种恶习，营造良好的行为习惯，并不断督促、鞭策自己，让自己保持下去。

良好的习惯，对于人类的本能，还有着我们意想不到的激发、挖掘作用。

当我们养成了良好的习惯以后，它们便会萦绕着我们，融入我的身体，更浸润我们的心灵。你的活力因此而绽放，你的每一个早晨变得精神饱满、清新舒爽。充沛的精力让你热情洋溢，高涨的热情让你对世界充满了求知的欲望，浓厚的欲望，将为克服所有对未知的恐惧，你将无坚不摧，快活自在。这时，你眼中看到的，是应对各种问题的技巧和方法，而不再是重峦叠嶂般的艰难险阻。究其根由，其实很简单：一种方法或技巧，经过我们反复不断的练习后，便熟能生巧，从刻意的锻炼变成我们不经意的习惯。习惯，是每个人都乐意去做的，都容易做到的，因此，当问题出现时，当人们以平日养成的习惯就能应付时，人们更乐意去解决，更乐意经常解决。由于人们主动经常去做，良好的习惯又经历了更多的练习，如此便进入良性循环。

被人们称为“天才少年”的周峰，13岁就进入了科技大学的少年班。这位神童认为自己并不是什么天才，他成功的秘诀在于自小就养成了良好的学习习惯。在很小的时候，周峰便给自己定下了每天学10个汉字、10个英语单词的规矩，一年365天，无论什么情况——即便年节期间外出游玩、留宿亲友家——都没有中断过。这样，仅仅一年，他就掌握了三千多个汉字和三千多个英语单词。在他的学习习惯中，这是“量化”。他在学习时，专心致志；在玩乐时，恣意洒脱。在这方面，他具有很强的自觉性，家长从未干预过他，也不需要干预他。在他的学习习惯中，这是“专注”，还有“调节”。他通过收听广播来学习英语单词，到了英语栏目播出的时间，他一定会准时打开收音机，一分也不耽误。在他的学习习惯中，这是“定时”。

周峰等无数有建树的人的行动印证了培根说的话：“习惯真能变化气质，约束天性。”因此，我们在查找问题并改正问题的同时，更重要的是要养成良好的习惯，习惯比一时的考试成绩更重要，一时考试成绩不理想并不可怕，我们还可以查缺补漏，可以及时补救。但如果自身的习惯不好，却会长期影响我们的生活，甚至影响我们一生的发展。

我们为大家总结了一些成功人士所具备的良好习惯，希望能让大家在拼搏

的路途中有所借鉴。

一、做人习惯

1.积极向上　2.坚持不懈　3.自信自爱

4.善待他人　5.尊老爱幼　6.惜时守时

7.勤劳节俭　8.诚信为本

二、安全习惯

1.谨慎用火　2.绝不逞能　3.遵守法规与公共秩序

4.杜绝危险动作　5.杜绝急追猛跑　6.杜绝逆行占道

7.加强自我保护意识　8.离家、离校、离岗时报告

三、卫生习惯

1.早晚刷牙　2.衣物常换　3.经常洗手

4.经常洗澡　5.勤洗脚和袜子　6.少席地而坐

7.不乱丢垃圾　8.不随地吐痰

四、饮食习惯

1.细嚼慢咽　2.按时进餐　3.少吃零食

4.少喝饮料　5.珍惜粮食　6.不挑不偏食

7.食不言、唇无声　8.不暴饮暴食

9.远离垃圾食品

五、运动习惯

1.亲近自然　2.全面锻炼　3.每天一小时

4.做好热身　5.态度认真　6.循序渐进

7.常参加比赛　8.积极尝试新的项目

六、学习习惯

1.学会预习　2.多提问题　3.专心致志

4.善用资料　5.多多动笔　6.认真思考

7.有错必改　8.远离拖延

七、阅读习惯

1.每天读书　2.专心阅读　3.会做读书笔记

4.会用工具书　5.常去图书馆或书店　6.边读边思考

7.与人交流心得　8.保持正确坐姿

八、礼貌习惯

1.礼貌用语不离口　2.公共场所守秩序　3.别人说话不打断

4.递接尽量用双手　5.进人房间先敲门　6.他人物品不乱碰

7.行坐站立有仪态　8.见面主动打招呼　9.待客有方多礼让

九、劳动习惯

1.自理自立　2.多做家务　3.乐于助人

4.学会合作　5.依照操作流程　6.找到操作窍门

7.懂得自我保护　8.爱护劳动环境与成果

14.征服自己才能征服世界

凡是想征服自己的天性的人，不要给自己设下过大或过小的工作；因为过大的工作将因为常常失败的缘故而使他灰心；而过小的工作，虽然能使他常常成功，但是将使他成为一个进步甚小的人。

——论人的天性

闻名世界的威斯特敏斯特大教堂的地下室墓碑林中，有一块墓碑上面写着：“当我年轻的时候，我的想象力从没有受到限制，我梦想改变这个世界。当我成熟以后，我发现我不能够改变这个世界，我将目光缩短了些，决定只改变我的国家。当我进入暮年以后，我发现我不能够改变我的国家，我的最后愿望仅仅是改变一下我的家庭。但是，这也不可能。当我躺在床上，行将就木时，我突然意识到，如果一开始我仅仅去改变我自己，然后作为一个榜样，我可能改变我的家庭；在家人的帮助和鼓励下，我可能为国家做一些事情。然后，谁知道呢？我可能，甚至改变这个世界。”

这段话触动了年轻时的南非人曼德拉对人生的思考，他茅塞顿开，从中领悟到了人生的真谛。回到南非后，曼德拉改变原来的一些想法和做法，首先从改变自己的思想和处世作风做起，下决心先改变一下自己。历经几十年的磨难和奋斗，他不仅改变了自己，更是改变了自己的国家。

在我们身边，总能听到各式各样的抱怨，人们往往把生活中的种种失意归咎于外界，他们很少在自身找原因，却把失败的种种责任都推给了环境和他人。曼德拉的故事告诉我们，改变世界并不是一件难事，一个人能征服自己的天性、改变自己才是最难的事。

我们都知道，人生在世，最大的敌人其实是我们自己，人的天性会在无形中成为我们前进的绊脚石，因此，我们要想有所作为，就要用挑剔的眼光来看待自己，改变自己。

1.认识自己才能征服自己

夜郎自大是大部分人的通病，很多人难以看清自己真正的能力，经常盲目地采取行动，有时甚至以卵击石，结果只能以失败告终。在我们做每一件事之前，我们不妨静下心来认真地想一想：“我到底是什么样的？别人到底是如何看待我的？眼前的自己，就是那个真正的自己吗？”很多时候，我们忙着认识他人，认识世界，却唯独没有时间好好认识一下自己。俗话说，“知己知彼，百战百胜”。如果说征服自己就像攻克一座堡垒，那么，我们首先要彻底了解这座堡垒，然后才能制定相应的战术、策略。低估或高估堡垒的战力，都会让我们的战斗变得艰难，甚至败北。

2.闻过则喜，有错则改才能征服自己

并不是所有人都能积极面对自己的缺点和不足，更有一部分人十分排斥他人的指教或批评。然而，因为人的自大天性，很多人并不十分擅长发现自己的错误，这就需要依靠他人的帮助来克服。面对他人的指教，我们应该虚心而感激，因为改掉这份错误后，最大的受益者终归是我们自己。你的虚心，会让他人更加喜欢你；你的感激，会让他人在日后更愿意为了你的进步而奉献力量。

面对自己的错误或不足，我们应当承认并改进，若只懂得掩饰或拖延，错误只会越来越大，不足只会越来越多，此时受益的是谁未可知，但吃亏的一定是我们自己。此外，“流水不腐，户枢不蠹”，不论之前的我们错误与否，我们都应抱着海纳百川的态度，积极接受新鲜事物，不断改进、充实、完善自己，才能让自己站在时代的前沿，免得被新生事物所淘汰。

3.脚踏实地才能征服自己

很多失败的人，往往是犯了好高骛远、急于求成的毛病。殊不知，成功的道路上最忌眼高手低，最需要踏踏实实。面对苦口婆心的劝说者，有人总会嗤之以鼻：“燕雀安知鸿鹄之志。”然而，鸿鹄唳天，赖其勤飞苦练、以壮筋骨；燕雀无为，因其不事锻炼，无以高飞。每一个成为燕雀的人，往往都是最初空怀鸿鹄之志而行燕雀之事的人。

《荀子·劝学篇》云：“不积跬步，无以至千里；不积小流，无以成江海。”通往成功的道路遍布荆棘，我们只有一步一个脚印，一步一次成长，才能披荆斩棘，最终到达成功的殿堂。而那些只会侃侃而谈、好高骛远的人，只能虚度光阴，终日在原地徘徊，难有进益。因此，想要获得成功的人们，就让我们从当下开始，从眼前做起，用一件一件的小事，用一点一点的进步，来塑造我们梦想，来累积我们的辉煌。

4.锲而不舍才能征服自己

“行百里者半九十”，很多人在最初都抱有远大的理想，踌躇满志；然而

随着时间的流逝，有些人渐渐地失去了动力，更没有意志和决心来支撑，最后只能半途而废，不仅没有获得最终的成功，更是虚耗了之前所付出的光阴。世上大多的失败，都因为“看来没希望了，算了”；而世上所有的成功，都源自“相信自己，坚持下去”。锲而不舍，持之以恒，这是一种态度，一种决心，更是获得成功的必备法宝！

15.许多时候，幸运只是一道门缝

“所有聪明的人，为了减少别人对他才与德的嫉妒，习惯把这些归功于天意或幸运；所以今天的人们也应该把事业的成就归功于机遇与集体，这才是明智的与应该的做法。”

——论幸运

在我们身边总有那么些人一直在抱怨命运的不济，抱怨自己不够幸运。其实，他们不知道，幸运是不会光顾那些等待的人的，罗兰曾说，幸运的背后总是靠自身的努力在支持着，一旦自己松懈下来，幸运也就溜走了。而培根认为，人们应该聪明地对待自己的幸运，他说：“所有聪明的人，为了减少别人对他才与德的嫉妒，习惯把这些归功于天意或幸运；所以今天的人们也应该把事业的成就归功于机遇与集体，这才是明智的与应该的做法。”在培根的思想中，幸运是存在的，幸运也有大小之分；但幸运掌握在自己手中，幸运的大小也取决于一个人自己。更多的时候，幸运在等待着人们的发现，等待人们把它牢牢抓在手里，从而改变自己的命运。

著名影视演员吕良伟出道至今佳作不断，两岸三地都有着大量的拥趸。然

而，在如今光鲜的背后，他还曾有过一段鲜为人知的艰辛历程。

1956年，吕良伟出生于越南一个华人家庭。在他小时候，家中生活十分困难。到了20世纪60年代，他随家人迁居香港。70年代末，吕良伟加入香港TVB广播电台，成为一名艺人。在当时，TVB有一条规矩，普通演员都要从龙套做起。想做配角，起码要跑两三年龙套才够格；想当主角就更难了，至少要熬上五六年才有可能。在训练班毕业后的最初，吕良伟所有角色都接，其实，说是“所有角色”都接，也不过是些“路人甲”“大兵乙”。

然而，所谓的上苍眷顾的人，之所以幸运，是因为他们有着不同于常人的地方。对此，吕良伟便是个最好的例证。对于跑龙套的角色，很多演员都当作走过场，根本不当一回事，而吕良伟却用心去演绎。他每演一个角色，都会进入人物内心，将每一个龙套都当主角来演，原本不出彩的角色，因为他的演绎而变得光彩夺目。出演《的士司机》时，吕良伟的角色是一个匪徒。他的戏分就是和另外两名劫匪冲进车，然后用枪劫持吴孟达扮演的司机。这个原色坐在前排，原本没有台词。演到一半时，吕良伟有了自己的想法，他认为三个绑匪中应该有一个主谋。他拿定主意后，便擅自改了剧本。他一边挟持着司机，一边恶狠狠地向两个劫匪叫道：“还不快把钱找出来，等着他自己给吗？”因为这次自作主张，吕良伟受到了该剧导演何康桥的表扬，夸他有创造力。不久之后，凭借着点滴的累积，吕良伟终于争取到了对他演员生涯起了重大影响，甚至可以称为转折点的角色，TVB巨制《上海滩》中的丁力。

对于《上海滩》这部戏，TVB上下都给予了极大的重视。这部戏的背景是20世纪三四十年代的上海滩。围绕许文强、冯程程、丁力三个人展开的爱恨情仇中，有兄弟情、男女情、父女情，有国仇家恨，也有黑帮斗争。大到整部戏中复杂的情感与经历，小到丁力这个人物逐渐深沉的内心，这些都是吕良伟不曾感受过的。开拍时，吕良伟被告知，他的临场表现，决定着丁力的戏分，表现得好，可以加戏，反之则减戏。此前一直在跑龙套、只演过一些简单角色的吕良伟，面对这样的挑战，没有选择退缩，而是勇敢地迎难而上。为了演好这部戏，吕良伟一遍又一遍地研读剧本，还特意观看了《教父》《猛虎生死斗》等黑帮片子。通过这些方式，他反复体味人物的内心世界，并模仿黑帮人物的举止，借此寻找做黑帮人物的感觉。他的努力收到了成效，在大家的交口称赞中，编剧也不吝笔墨，一次次地为丁力加戏。

《上海滩》一经播出，业界立即对丁力这个人物大加赞赏。自此，吕良伟终于进入一线演员行列，开启了自己如日中天的演艺事业。

关于成功，关于幸福，有些人往往用“幸运”来概括它们的降临原因。相对于很多人来说，吕良伟自然是幸运的。他早年成名，之后便星途坦荡，他的作品在两岸三地乃至整个华人世界都有着极大的影响力。然而，我们更应该看到的是，他的幸运，是靠他坚持不懈的努力和敬业态度赢来的。

那么，如何定义“幸运”与否呢？那些为了事业而拼搏，为了成功而奋斗的人，他们，就是上帝眷顾的幸运儿；那些整日好逸恶劳，等着免费午餐、巨额彩票奖金的人，他们，是最不幸运的人。有位智者曾经说过：“幸运的人自己寻找幸运，而不幸的人只能窥视幸运。”幸运，就像一扇微微张开的窗户，一个懂得依靠自己努力创造机会的人，他会主动打开这扇窗，看到窗外的风景；一个只懂得张开嘴巴等待天上掉馅饼的人，老天只会赐他一缕清风，随时将这扇窗户关上。想要捕捉幸运的人，首先要用心寻找，更要让自己有能力抓住转瞬即逝的机遇。

著名作家季羡林先生在《我的人生感悟》的一篇散文里的结尾写道：“总之，我认为‘机遇’是无法否认的。一个人一辈子做事、读书、不管是干什么，其中都有‘机遇’的成分。”他在另外一篇散文里就干脆提出一个公式：天资+勤奋+机遇=成功。诚然，毅力与勇气也是成功、特别是重大成功的两大因素。“勤奋十毅力”，就是长期努力，奋力坚持，百折不回；“勇气碰幸运”，就是决心加信心。毅力也是成功的必备条件，奇迹是在长期艰苦奋斗中逐渐取得的；而克服困难需要毅力，持之以恒需要毅力，即使是等待机遇，也需要毅力；没有毅力就难有大的成功，没有百折不回的毅力，就不可能有惊人

的成功。所以，哪怕你是个十分幸运的人，也要付出百分之一百的努力才能真正成功。

16.人人都可以成为自己幸运的建筑师

幸运的消长系诸外界的偶然之事——如面貌、机会，他人之死亡，机会与才德之遇合——这是不可否认的，但是，一个人的幸运的造成主要还是在他自己手里。所以诗人说，“人人都可以成为自己幸运的建筑师”。

——论幸运

幸运是可遇不可求的，每个人都曾渴望自己是幸运儿，拥有美貌、财富、成功甚至更多。很多时候，我们羡慕那些幸运的人，以为他们有这样或那样的机会才变得幸运，但我们却看不到他们为此做出的努力和改变。其实，一个人的幸运并不是偶然的，英国哲学家培根说过这么一句话：“幸运的消长系诸外界的偶然之事——如面貌、机会，他人之死亡，机会与才德之遇合——这是不可否认的，但是，一个人的幸运的造成主要还是在他自己手里。”因此，一个人能够幸运的前提，在于他有能力改变自己的平凡。

在1930年初秋的一个早上，一个不足一米五的矮个子年轻人从东京某公园的长凳上爬了起来，然后从这个“家”徒步去上班，他因为拖欠了房租，已经被迫在公园的长凳上睡了两个多月了，他是一家保险公司的推销员，虽然每天都在勤奋地工作，但收入仍少得可怜。

有一天，这位年轻人来到了一家寺庙，拜见住持。寒暄之后，他便滔滔不绝地向老和尚介绍起投保的好处来。老和尚很有耐心地听他把话讲完，然后平静地说：“你的介绍，丝毫没有引起我对投保的兴趣。”

这时候，年轻人愣住了，老和尚接着又说：“人与人之间，像这样相对而坐的时候，一定要具备一种强烈吸引对方的魅力，如果你做不到这一点，将来就没什么前途可言了。”老和尚最后说了一句：“小伙子，先努力改造自己吧！”

从寺庙里出来，年轻人一路思索着老和尚的话，若有所悟。接下来，他组织了专门针对自己的“批评会”，每月举行一次，每次请5个同事或投保客户吃饭，为此，他甚至不惜把衣物送去典当，目的只为让他们指出自己的缺点。

每一次“批评会”后，他都有一种被剥了一层皮的感觉。他把自己身上那一层又一层的劣根性一点点剥落了下来。随着劣根性的消除，他感觉到了自己在逐渐进步、完善和成熟。

这个人就是被美国著名作家奥格·曼狄诺称为“世界上最伟大的推销员”的推销大师原一平。到1939年为止，他的销售业绩荣耀全日本之最，并从1948年起，连续15年保持全日本销售第一的好成绩，1968年，他成为了美国百万圆桌会议的终身会员。

很多人认为原一平是幸运的，但看了这个故事，我们就能明白了，他的幸运不是偶然的，而是他改变自己之后得来的。所以，你想要改变命运，就要学会先改变自己。

谚语说，“上帝爱自渡者”，这告诉了我们，只有能够自渡的人，才容易获得成功，才能够得到上帝的青睐。所以我们必须得自渡，要靠自己的能力改变自己，赢得幸运。

一个人需要改变的是什么呢？应该说不同人、不同境、不同需要。但是就大多数人来说，要改变的有4样：态度、习惯、思维和行动。

1.认真的态度

态度决定一切，这个世界怕就怕“认真”二字，俗话说，“有志者事竟成”，当我们能够对事业认真，对工作认真时，幸运就离我们不远了。

2.良好的习惯

从今天开始，培养自己养成一个良好的习惯，习惯良好才能有更高效率的发展，一切好习惯就从现在开始养成。

3.多角度思维

遇到事情能够多角度思考，学会逆向思维，能够把握全局和重点，能够找出解决问题之道，这样才能有所作为，有所改变。

4.积极的行动

谚语说得好，两手揣在口袋的人，离成功很远。积极这个品质，越早养成越好，所以，请伸出你的双手，开始行动吧！

如果你感觉自己做事不成功，做人不快乐，生活不幸福，你首先要好好检讨自己，看自己有没有需要改进的地方。要记住，成功不是追求得来的，而是被改变后的自己主动吸引来的，一个人只有改变自己，才具备幸运的前提，才会被幸运之神眷顾。

17.自信地展现你的才华

炫耀于外表的才干徒然令人赞美，而深藏不露的才干则能带来幸运，这需要一种难以言传的自制与自信。

——论幸运

很多事实证明，自信是大多数成功者所共同具备的品质，也是一个人获得成功的重要因素。人们常说，一个人在生活中不怕被别人击倒，他会再次爬起来，最可怕的是自己把自己击倒，他也就再也没有希望了，怎样才能避免“自己把自己击倒”呢？那就需要自信。然而这种自信并不是盲目的自大，而是智慧与才能的结晶，是勇敢地将自己的才华展现出来，并十分肯定自己能成功的一种决心。

现中国科技部部长，而1995年已是同济大学北京力学系教师的万钢，登上了前往德国的飞机。到德国第一件事，就是跟同伴一起到克劳斯塔尔工业大学的外办，了解学习计划的安排。当时，外办的老师提出，作为外国留学生，首先必须参加PNDS考试（德语入学考试）。考试半年举行一次，他必须等到秋季参加考试通过后才能开始他的博士学业。万钢当场就很自信地表示：自己的德语这么好，为什么一定要考试？一定要等这么久才开始正式的学习？

外办的老师表示怀疑，来该校就读的留学生不知道有多少，还从来没人敢说自己德语好到不需要考试的地步，但经过万钢用德语毫不妥协的“攻关”之后，外办老师最后只能表态：“如果你真觉得不需要考试，那去跟几个教授谈谈，看看是否可以免试。”

后来，万钢就和外办指定的几个教授聊了整整一个小时，用德语回答各种问题，接受各种语言测试，最终让教授们心服口服——同意免试。万钢也因此成了克劳斯塔尔工业大学历史上唯一一个没有参加PNDS考试而直接入学的外国留学生。他自己总结说：在该自信的地方就一定要敢于自信，不过分谦虚就是实事求是的精神，有才华就要大胆地展示。

许多人都有过这样的亲身经历，一旦认定某件事不可能取得成功，那么，你就算尽力而为，成功的可能性也大大降低。因为你戴上了心理的镣铐，拒绝了超常的努力，所以也拒绝了奇迹的发生，而你如果非常肯定自己的才华，确定自己一定能够取得成功，那么就算前方有许多困难，那也不过是一种考验，并不会拖延你成功的脚步。

爱因斯坦的“相对论”发表以后，有人曾炮制了一本《百人驳相对论》，网罗了一批所谓名流对这一理论进行声势浩大的挞伐。可是爱因斯坦自信自己的理论必然胜利，对挞伐不屑一顾，他说：“假如我的理论是错的，一个人反

驳就够了，一百个零加起来还是零。”爱因斯坦的这种自信，是建立在对前途充满必胜基础之上的优秀心理素质，他坚定了必胜的信念，坚持研究，终于使“相对论”成为20世纪的伟大理论，为世人所瞩目。

自信是人生成功的奠基石，人的成功之路必须踏着自信的石阶步步登高。有了自信，人才能达到自己所期望达到的境界，才能成为自己所希望成为的人，坚持自己所追求的信仰。无论在什么情况下，自信者的格言都是：“我想我能够的，现在不能够，以后一定会能够的！”试想每当你做一件事情时，总是过分地夸大困难，总是对自己的力量估计不足，前怕狼，后怕虎，那怎么能去迎着困难和挑战奋勇前进呢？

自信不是孤芳自赏，也不是夜郎自大，更不是得意忘形，毫无根据的自以为是和盲目乐观；而是激励自己奋发进取的一种心理素质，是以高昂的斗志、充沛的干劲、迎接生活挑战的一种乐观情绪，是战胜自己、告别自卑、摆脱烦恼的一种灵丹妙药。自信，并非意味着不费吹灰之力就能获得成功，而是说战略上要藐视困难，战术上要重视困难，要从大处着眼、小处动手，脚踏实地、锲而不舍地奋斗拼搏，扎扎实实地做好每一件事，战胜每一个困难，从一次次胜利和成功的喜悦中肯定自己，不断地突破自卑的羁绊，从而创造生命的亮点，成就事业的辉煌。

我们要学会欣赏自己，表扬自己，把自己的优点、长处、成绩、满意的事情，统统展现出来，这就能逐步摆脱“事事不如人，处处难为己”阴影的困扰，从而保持奋发向上的劲头，培养出像阿基米德“给我一个支点，我将撬动地球”的那种豪迈的自信来！

18.建立自信的方法

命运之神值得我们崇敬，至少这是为了她的两个女儿——一位叫自信，一位叫荣誉。她们都是幸运所产生的，前者诞生在自我的心中，后者降生在他人的心目中。

——论幸运

培根说："命运之神值得我们崇敬，至少这是为了她的两个女儿——一位叫自信，一位叫荣誉。她们都是幸运所产生的，前者诞生在自我的心中，后者降生在他人的心目中"，这正是培根爵士对"自信"的尊崇。也有位哲人说过："一个人，从充满自信的那刻起，上帝就在伸出无形的手在帮助他。"我们不禁要问，这个世界有上帝吗？有，其实上帝就是你的自信心。

当人们一事无成时，往往会被自身深深的挫败感打倒，这种感觉会让你感觉生活无望，前途无光；然而当你建立了自信后，你就不会再有这种感觉，人们在思想上也会变得乐观、豁达，似乎激发出了一种全新的力量，这种力量能够焚烧困难，照亮希望。因此，自信对人们的生活是非常重要的，我们的事业、我们的爱情、我们的生活、我们的工作，不管是哪一个领域都是无比重要的。正是有了自信，人们才充满了希望，才有了对未来无限的畅想。那么，当我们缺乏自信时应该怎么办呢？下面为大家介绍几种建立自信的方法，希望能够帮助你重组自己的信心！

1.有关成功的一切都是显眼的

无论在教学或教室的各种聚会中，后排的座位总是最先被坐满的，大部分占据后排座的人，都希望自己不会"太显眼"，而他们怕受人注目的原因就是缺乏信心。我们不妨把它当作一个规则试试看，从现在开始就尽量往前坐，当然，坐前面会比较显眼，但要记住，有关成功的一切都是显眼的。

2.正视别人，传达自信

一个人的眼神可以透露出许多有关他的信息。不正视别人通常意味着：在你旁边我感到很自卑；我感到不如你；我怕你。躲避别人的眼神意味着：我有罪恶感；我做了或想到什么我不希望你知道的事；我怕一接触你的眼神，你就会看穿我。这都是一些不好的信息。正视别人等于告诉你：我很诚实，而且光明正大，我相信我告诉你的话是真的，毫不心虚。因此，让我们学着正视别人，大方传达自己的自信。

3.争取多发言

在会议中沉默寡言的人都认为："我的意见可能没有价值，如果说出来，别人可能会觉得很愚蠢，我最好什么也不说。而且，其他人可能都比我懂得多，我并不想让你们知道我是这么无知。"每次这些沉默寡言的人不发言时，他就又中了一次缺少信心的毒素了，他会越来越丧失自信。从积极的角度来看，如果尽量发言，就会增加信心，下次也更容易发言，所以，要多发言，这是信心的"维他命"。

4.运用肯定的语气

有些女人面对着镜子，当她看到自己的影像或肤色时，忍不住产生某种幸福的感受。相反地，有些女人却被自卑感所困扰。虽然彼此的肤色都很黝黑，但自信的女人会以为："我的皮肤呈小麦色，几乎可跟黑发相媲美。"而她内心一定暗喜不已。可是，一个缺乏自信的女人却因此痛苦不堪地呻吟起来："怎么搞的，我的肤色这么黑。"两种人的心情完全不同。有的女人看见镜子就丧失信心，甚至在一气之下，把镜子摔破。由此可见，价值判断的标准是非常主观而又含糊的。只要认为漂亮，看起来就觉得很漂亮，如果认为讨厌，看来看去都觉得不顺眼。尤其，关于自卑感的情况，也常常会受到语言的影响，所以说，否定意味的语言，对于一个人的心理健康有百害而无一利。

5.抬头挺胸走快一点

心理学家将懒散的姿势、缓慢的步伐跟对自己、对工作以及对别人的不愉快的感受联系在一起。但是心理学家也告诉我们，借着改变姿势与速度，可以改变心理状态。你若仔细观察就会发现，身体的动作是心灵活动的结果。那些遭受打击、被排斥的人，走路都拖拖拉拉，完全没有自信心。抬头挺胸走快一点，你就会感到自信心在滋长。

6.学会坦白

内观法是研究心理学的主要方法之一，这是实验心理学之祖威廉·华特所提出的观点。此法就是很冷静地观察自己内心的情况，而后毫无隐瞒地抖出观察结果。如能模仿这种方法，把时时刻刻都在变化的心理秘密，毫不隐瞒地用言语表达出来，那么就没有产生烦恼的余力了。有一个位居美国第5名的推销员，当他还不熟悉这行工作时，有一次，他竟独自会见美国的汽车大王。结果，他真是胆怯得很，在情不自禁之下，他只好老实地说出来了："很惭愧，我刚看见你时，我害怕得连话也说不出来。"结果，这样反而驱除了恐惧感，这要归功于坦白的效果。

7.做自己能做的事

做自己做得到的事时，个性会显现出来。重要的是，与其急于恢复自我的形象，不如找出当下可以做的事。知道应该做的事，然后加以实行，就可以从自我的形象中获得解放。总之，要试着记下马上可以做的事，然后加以实践，没有必要非是伟大、不平凡的行动只要是自己能力所及的事就足够了。因为我们就是想一步登天，所以才找不到事做。

8.缺乏自信时更应该做些充满自信的举动。

人在缺乏自信时，与其对自己说没有自信，不如告诉自己是很有自信的。为了克服消极、否定的态度，我们应该试着采取积极、肯定的态度。如果自认为不行，身边的事也抛下不管，情况就会渐渐变得如自己所想的一样。我们应该像砌砖一样一块一块砌起来，堆砌我们对人生积极、肯定的态度。即使不能

喜欢所有的人，也应该努力多喜欢一个人也好，喜欢一个人，相对地，也会喜欢自己，然后，也会克服对他人不必要的恐惧。因为，自信会培养自信。一次小成就会为我们带来自信。

19.不要让荣誉变成虚荣

从历史可以看到，凡把成功完全归于自己的人，常常得到不幸的结局。

——论幸运

“荣誉”和“虚荣”在很多地方是很相似的，因此很多人对荣誉感和虚荣心常常难以分清。通俗些说，“荣誉”如同人体的骨骼，虽然外人不易察觉，但却可以使我们自身充满自信、精神焕发，而虚荣心却如化妆品，是缺乏自信者不断变换着的追赶时尚与流行的衣裳，别人抬眼便见。而荣誉与虚荣又是格格不入的，荣誉的获得凭靠诚实，而虚荣的同行者却是虚伪；有荣誉感的人蔑视虚荣，而有虚荣心的人垂涎荣誉。“从历史可以看到，凡把成功完全归于自己的人，常常得到不幸的结局。”培根爵士的这一句话如响钟一般提醒我们，不要让庄重辉煌的荣誉变成轻浅花俏的虚荣。

在南部非洲的一片荒原高地之间，有个称作“布鲁丹”的部落，部落里有个叫姆瓦托的青年男子，别看他身材矮小，却是大家一致公认的跑得最快的人。

这年7月，国家正在选拔参加非洲田径运动会的人，工作人员派人找到“布鲁丹”部落首领寻求支持。“布鲁丹”的老酋长马上想到了姆瓦托，他请来一位叫瑞克勒的人给姆瓦托当教练。瑞克勒利用曾经在国家野生动物园做过管理员的方便条件，把姆瓦托带回到野生动物园。每天他都开着一辆敞篷越野吉普车，载着姆瓦托出发。按计划让姆瓦托追着斑马跑，猫着腰去抓长尾巴像袋鼠一样跳跃的跳兔，甚至让姆瓦托追着受惊狂奔的羚羊群跑。

一天，瑞克勒将姆瓦托带到一片开阔地，他拿出一件新的花格短裤让姆瓦托换上，并告诉他尽管一直向前跑，但短裤千万不能扔掉，因为里面装有记录奔跑数据的磁记录仪。

不知是有意还是巧合，每隔几天姆瓦托总会遭到雄狮的追赶。他搞不清这是为什么，只好一次次咬紧牙关拼命飞奔，一次次处在危机关头时，充分利用大灌木丛做掩护和狮子大兜圈子直到它放弃。三个月下来，姆瓦托的奔跑潜能不但得到了充分的挖掘，更重要的是，在和狮子一次次的较量中，收获了宝贵的自信。

随后，姆瓦托在运动会上展露头角，并成为一鸣惊人的新星。姆瓦托的出众才华使得他的人气迅速飙升，被诸多体育媒体誉为“希望之星”。

在一个招待晚宴上，大批记者将姆瓦托团团包围，有的记者请他证实关于他的特殊训练方式的种种传闻。扬扬得意的姆瓦托口无遮拦，把在野生动物园和动物们“同场竞技”的过程和盘托出。当他眉飞色舞地提到与狮子多次斗脚力时，引起了众人的质疑。有的记者干脆提议安排狮子与姆瓦托比试一回，好让大家心服口服，姆瓦托很痛快地答应了。

比试现场，姆瓦托经过一番热身做好准备后，动物园就放出了狮子。当看到扑过来的成年雌狮时，姆瓦托心里忽然一阵发慌，他赶紧掉头狂奔。跑了不到五百米，就被雌狮扑倒在地，幸亏动物园方面早有准备，迅速驱车赶跑了雌狮。

姆瓦托被迅速送往医院，经抢救脱险。从那以后，“希望之星”就迅速销声匿迹了，“与狮子赛跑”成了一时间的笑谈。

回到部落，姆瓦托一直情绪很低落。一天，酋长来看他，闲谈中姆瓦托说起此事依然不解，他虔诚地问：“尊敬的族父，为什么在非洲我能长距离地

和威猛的雄狮周旋不落下风，而到了欧洲和一只雌狮比试，连五百米都跑不过呢？”

酋长慈祥地笑了，他抚摸着姆瓦托的头说：“我的孩子，在非洲荒漠里，你被雄狮追赶是因为那条特殊的短裤。其实短裤里根本没有奔跑数据的磁记录仪，是我把雄狮的尿液喷洒到短裤上，雄狮闻到短裤的味道，感觉会很不舒服，以为你要侵占它的领地，所以一定要把你赶走，而且一直赶出它的领地为止。但一只母狮追赶你，就大不相同了，因为它是狩猎者，捕杀猎物是它的生存本能，对你反而危险大增。”

姆瓦托点点头，似有所悟。酋长拍拍他的肩语重心长地说：“我的孩子，你要永远记住，将来不论做什么，为了生存和荣誉，你才会获得智慧和力量；贪图名利和虚荣，只会带来恐惧和胆怯。”

一个人如果太在意别人的看法，并因此影响到自己选择和行动的独立性，被别人的评价牵着鼻子走，自然会受到那些外来评价的干扰，难以得到心灵的安宁。故事中的姆瓦托以他人的赞美为满足而沾沾自喜，还要为赢得别人的赞美而再度与狮子赛跑，这种“荣誉感”实际上已经演化成了他无谓的虚荣心。以别人的赞美作为证明自己的资本本身就已经够悲哀的了，如果我们所做的一切努力，仅仅是为了抬高别人对自己的评价，这样的“荣誉”不仅演变成根源于人性深处的虚荣，而且也是对社会文明的愚昧表现。

虚荣是对荣誉感的扭曲，是荣誉感不正常的发展，它对于人们成就事业和身心健康都没有好处，我们应该加以克服。我们不能容许自己存在过度虚荣，而应把旺盛的精力和时间投入到追求荣誉之中，这才能真正帮助我们走向辉煌的人生。

20.爱惜美好的名誉

智者不夸耀自己的成功，他们把光荣归功于“命运之赐”。

——论幸运

著名哲学家培根曾这样评价名誉：“命运之神值得我们崇敬，至少这是为了她的两个女儿——一位叫自信，一位叫名誉。她们都是幸运所产生的。前者诞生在自我的心中，后者降生在他人的心目中。”正如他所说，很多时候，我们的名声都不是由自己评价得来的，它往往源于他人之口。刘备有言：“勿以善小而不为，勿以恶小而为之。”普希金也曾说过：“爱惜衣裳，要从新的时候做起；爱惜名誉，要从小的时候做起。”其实，好的名声正是从点点滴滴的小事积累起来的。

说到爱惜名誉，人们往往会想起为人忠厚的古人高敬华，他卖马还钱的故事，历来为人们所称道。

高敬华家的一匹马得了眼疾，干起活来不再像往常那样得力，高敬华便让儿子把它牵到集市卖掉。儿子牵着马出门不久，便揣着钱兴高采烈地回来了。高敬华想不到儿子这么快就能把马卖掉，就问儿子有没有将马患眼疾的事告诉买主。儿子顿时低下了头，红着脸说没有。高敬华闻言大怒，将儿子训斥了一番，然后便带着儿子来到集市，让儿子找那个买主。找到买主后，高敬华先是一个劲儿地道歉，然后将马的病情告诉了买主，并且对他说：“如果这匹马您不愿意买了，我愿如数奉还您的钱。”买主闻言十分感动，他接受了高敬华的道歉，并且表示依旧愿意购买这匹马。于是，两人重新商定了价格，高敬华将多出的钱毕恭毕敬地还给了买主。周围的人看到高敬华如此作为，纷纷交口称赞。

高敬华的儿子对买主隐瞒实情，已经算得上欺骗买主。他如此做，虽然一

时占了些便宜，但日后将毁掉高氏一门的名声。高敬华爱惜名誉，宁可少赚钱财，也要像鸟类呵护自己的羽翼一样呵护自己的名誉。这是两种截然不同的想法。这个故事就告诉我们：黄金失去了可以再获得，然而，名誉一旦失去，就难以挽回了。

好的名誉不但有益于自己，还能让我们下一代受益无穷。

美国作家比尔盖瑟在其《美好的声誉》一文中，讲述了这样一个故事：

主人公的儿子还在大学期间，前途茫茫，为了告诉他一个道理，主人公向儿子讲述了自家那块广阔土地的来历。这块土地，是在近30年前主人公的第一孩子出生后，主人公为了建造一所大一点的房子，而向当时已经92岁的退休银行家尤尔先生购买的。

当时，尤尔先生拥有许多土地，却一块也不肯卖，因为他已经向农夫们许诺，“让们在这片土地上放牧牛羊”。然而，抱着一丝希望，主人公和妻子还是叩开了尤尔先生的办公室大门。交流中，尤尔先生问及主人公的姓名，因而提起了主人公的爷爷。而主人公的爷爷，在尤尔先生眼中是最好的工人。因为对于这位老工人存有的美好记忆，尤尔先生以15英亩3800美元的低价，将原本绝不肯卖的土地卖给了主人公。

说完了土地的来历后，主人公告诉儿子，能以低价买到这片土地，“都因为一个你从未见到过的人的美好的声誉”。

一个人的一生中，大到事业的成功、人生的走向，小到生活的琐事、日常的交际，这一切的成败，都与我们的名誉休戚相关。因此，为了维护我们的声誉，避免其受到一些不必要的麻烦、误会损害，我们在做每一件事情之前，都应三思而为。有人图一时之快，鬼迷心窍地为了一点蝇头小利不惜赔上自己的名誉。也许这些饮鸩止渴的行为真的为他带来了一时之“快”，但那也只能是“一时”之快。受骗的人们终会清醒，隐瞒的事实也终会真相大白，彼时，留给他的便只剩一杯苦酒。名誉之于人，就像羽翼之于鸟，它不一定能为人们带来同等价值的金钱，也未见得能给人们营造相等程度的快乐，但人行于世，没

有了名誉，就如同鸟儿失去了羽翼，从此寸步难行。因此，对于名誉，我们小心呵护，否则一旦受损，便悔之晚矣。

正直的人，向来将名誉奉为信仰。对于名誉的爱护，使他内心产生强烈的荣辱感。这种荣辱感，使得他更加想要自己的行为符合人类共同的行为准则。当他行事端正时，他以此为荣；当他行为有误时，无须他人指责，他的内心自然会产生愧疚感、羞耻感。而自发产生羞愧，往往比他人的指责更能让人们主动纠正错误、改善自己。此外，“金无足赤，人无完人”，每个人都有着自身的优点、长处，相对地，每个人也都有各自的缺点与不足。面对这些缺陷，我们应当保持平和的心态，以积极向上的态度对待它、改变它。持之以恒的努力，会让我们不断进步，梦想成真。而当我们犯下错误，或面对他人的误解时，我们需要的，是一颗更加平和的心。一个简单、客观的解释，若能帮助我们化解误解自然最好；若不能，我们也无须纠缠，啰唆与怒火只会让对方的厌恶更深。不断改进自己，终有一天错误能够挽回，误解可以消除，此时，我们的名誉，便也得到了它应有的呵护。

21.为了幸福生活，我们一定要学会节制

幸运所需要的美德是节制。

——论困厄

节制是一种持中的态度，就是把握事物的中道，既不“过”也别“不及”。节制的内涵在于要求人们在发展、满足自己的欲望和爱好的过程中保持一个适当的度，维持生活和心态的平衡，不以欲害义，这个“义”狭义上是讲

道德情操，从宽泛点的意义上说，就是指正常的、和谐的生活。

培根曾说：“幸运所需要的美德是节制。”而人们之所以要学会节制，是由于人的本性有一个“贪”字在作祟，要是不节制，就不会有满足，也不会有幸福感，更有甚者，不仅自己没有幸福感，那无止境的欲望还会给他人造成痛苦。

我们都知道，幸福与快乐的生活并不取决于我们当前的地位与财富，而是取决于人们自我满足的程度，即幸福是精神性的。地位与财富在一定的条件下可以带来幸福，但它并不是幸福的根本条件。可以说，有财富和地位的人，不见得就比无地位和贫穷的人更幸福，正所谓富有富的烦恼，穷有穷的好处，绝不会有人去谋害一个乞丐，但富有的人却常有人被谋害，因此才会有智者告诫我们：“知足才能常乐。”

在人的一生中，许多痛苦就是由于不知足造成的，不知足那就永远不可能快乐。而学会知足，并不是要我们驻足不前，而是要有节制，即给自己的欲望一个界限。

晋献公想向虞国借路去讨伐虢国，荀息建议晋献公用最好的宝玉和良马贿赂虞国君主，向他要求借路。晋献公说：“假如他接受我的礼物又不借路，怎么办？”荀息说：“他不借路，必不敢接受我们的礼物。”晋献公说：“好吧。”就让荀息带着两样宝贝去贿赂虞公，向他借路。虞公见良马和宝玉如此大礼，大喜之余，就打算答应借路。宫之奇劝谏说：“不能答应。虞有虢，好比车两边有护木，护木依靠车子，车子也依靠护木，虞虢两国的地理形势正是这样。假如借路给他们，那么虢国早上灭亡，虞国晚上就要跟着灭亡了……”虞公不听，坚持借路给晋国。荀息讨伐虢国取得了胜利，三年后又发兵打败了虞国。

任何事情都有个度，若超过了限度，再好的事情也会变成坏事，由于虞公心里没有设置节制这个闸，贪心于宝玉和良马，因此也就丢了自己的江山。另外，人们也不要贪心，任何时候都不要想着占别人的便宜，凡是想占便宜的人

就必定会吃亏，或者说，凡是吃亏的人都是想占便宜的人。

人当学会节制，因为生活需要节制。善待生活，则为生活所褒奖；践踏生活，必为生活所挞伐。正所谓浅水大鱼不游，浅土大木不长，我们要学会节制，就势必要压制住思想中的贪念，而要想恰如其分地做到节制，我们就离不开很高的修养、渊博的知识和良好的习惯。只有具备这些条件，我们才能很好地为心灵设置这个闸，让它挡住欲望、贪念、丑陋、邪恶。

我们不要光想着还有多少东西没有得到，而应该多想一想你已经得到了多少东西。应当有这样一种态度：我从不羡慕别人有而我没有的东西，因为我有的东西别人没有。当我们感到痛苦和不满的时候，我们应该想到实际上还有许多人在羡慕我们，其中可能就有你所羡慕的人；不要光想着你还不如谁，还应该想到尚有许多人不如你。只有这样，人才会变得平静，只有心静了，我们才能有正确的想法和愿望，才知道该做什么，不该做什么。

大到国家、社会，小到个人生活，节制都是不可或缺的，人们只有通过节制，才能获得灵魂的安宁。历史上那些著名的哲人、智者，在深思静默中度过了愉快的一生，是自我节制的典范。古希腊一位哲学家说："人们通过享乐的节制和生活的协调，才得到灵魂的安宁。"节制意味着懂得放弃。智慧的人看透生活本质的空虚，不让欲望像流水一样四处漫溢，将自己淹没、窒息；而是浮出水面，极目远眺，在享受生命欢愉的同时，呼吸着自然清新的空气——节制是符合自然本性的生活。

22.面对厄运，请微笑

美德有如名香，经燃烧或压榨而其香愈烈，盖幸运最能显露恶德而厄运最

能显露美德也。

——论困厄

“怎样面对厄运”是一个严肃的话题。培根说：“厄运所需要的美德是坚忍。最美好的品质也正是在厄运中被显示的。”周国平说：“一个人只有面对平常生活中的悲剧和苦难，才能成为真正的勇者。”

人生苦短，风云难测，生命的天空洒满了金色的阳光，也弥散着凄冷的苦雨。顺境，人之所求，但无法有求必应，逆境，人之所畏，却往往不期而遇。当我们在尽情奔跑，拥抱碧海蓝天时，你可曾触摸到史铁生在地坛里用泪水镌刻的心灵印迹；当你张开明眸，欣赏花红柳绿时，你可曾听到海伦·凯勒在黑暗中用寂寞唱响的生命强音。当你的青春绽放美丽，幽吐芬芳时，你可曾听见在地震海啸中绝望的呼喊，你可曾看见在饥饿寒冷里挣扎的灵魂。有人说人的五官就是一个“苦”字，此言不谬。苦难固然无法逃避，但生命亦有崛起的尊严，当我们被厄运缠身时，请对厄运微笑，因为它并不是不可战胜的。

鱼鳞女孩王雪：14岁，海口市四中初二（8）班学生，从小患有严重的鱼鳞病，全身皮肤干枯发硬并呈现一块块凸起的鱼鳞状，但她始终保持着自强不息、乐观向上的精神状态来面对生活的磨难，让无数人感动，以四十多万的选票当选海口市2012年度“美德少年”，后在媒体的帮助下前往北京运用张建疗法成功治愈鱼鳞病，北京卫视《特别关注》对其事迹进行了相关的详细报道。

王雪自述：我一直觉得，每个人从出生开始，都会踏上一条老天爷安排好的路。不能逃避，也不能停止。你唯一可以做的，就是努力向前，哪怕遭遇到再大的磨难，也要坚强起来，保持微笑，相信一切都会好转。

小时候，我最大的愿望就是成为一名隐形人。因为这样就不会总被其他孩子围起来，嘲笑自己身上那丑陋的鳞甲和难闻的气味，甚至排斥我、欺负我。记得那时，我总会哭得特别厉害，需要妈妈把我抱在怀里一直哄着，才会慢慢平复下来。

后来，渐渐长大的我还是会经常被别人异样的眼光刺痛，但不同的是，我已经很少哭了，也或许我哭的时候再也不想让别人看到，只是自己慢慢品尝着这远胜于童年十倍以上的难过和苦涩。是的，远胜于童年十倍以上的痛苦，不仅仅是由于我开始真正体验到了那种歧视和排斥，也因为我终于明白了自己的病症叫鱼鳞病，是一种遗传性的皮肤角化障碍性疾病，那些恐怖的鳞甲、皴裂的皮肤、恶心的异味，很有可能会伴我一生一世……

我唯一可以庆幸的，是父母对自己的疼爱，尽管直到现在我们一家三口人还蜷缩在二十多平方米的平房里，但他们还是会把拼命打工赚来的钱，用在给我治病上。虽然这么多年来始终毫无起效，但他们却都咬牙坚持着。我还记得有一次我实在不忍心这样拖累他们，便哭着说以后再也不治了，这辈子就这样吧，便被妈妈狠狠打了一个耳光，而那次，也是从小到大妈妈第一次打我。

或许正是从那一次起，我的很多想法便开始改变了，父母的爱将我的内心塞得满满的，再也容不下一丝阴霾，以后无论再遇到任何事情，我觉得自己都可以坚强，可以微笑。我不再畏惧别人对自己的看法，无论是排斥还是疏远，无论是讨厌还是歧视，我都会证明给他们看，我是一个好女孩，我很善良，我希望能跟他们做朋友。

于是从那时开始，我总会尽力去做一些自己力所能及的事情，无论是谁需要帮助，无论是多小的事情，哪怕别人一时之间还是无法接受我，我也会用最好的微笑坚持下去，直到我的真心会被所有人认可。

当命运开始感受到我心中的阳光时，我有幸成为海口市2012年度的“美德少年”，更在海口政府和所有关注我的人的帮助下，得到了去北京接受权威机构应用国家专利“张建疗法”免费治疗的机会，家里人知道了这个消息后都非常非常开心，我也隐约觉得，这或许将是我人生中的一次真正转折。

我应该是很幸运的，因为我接受了张建鱼鳞病研究院老院长张建奶奶的亲自治疗，也得到了很多叔叔阿姨的照顾和帮助，更得到了社会上很多好心人的关注和探望，甚至还受到了远在海口的同学们的祝福，他们都告诉我，王雪加

油，你一定会摆脱厄运，你一定能蜕变成美丽的蝴蝶。

成功了，是的，最后的我成功了，我的皮肤变得光滑起来，再也没有了难看的鳞甲和难闻的异味，大家见了我都会说，王雪你真变漂亮了，那一刻，已经决心绝不哭泣的我，却再一次流泪了。

我始终充满感恩，我始终面带微笑，我想对所有关心过我、帮助过我的朋友们说，谢谢你们，更想对所有和曾经的我一样承受着痛苦的朋友们说，这个世界是很温暖，坚强起来，保持微笑，相信一切都会好转，祝福所有人。

在对待厄运时，人们有不同的认识体验：有人认为它是可惧的深渊，荒芜了生命的春天；有人认为它是可贵的财富，点亮了心灵的天空，而对王雪来说，厄运是一个收获爱的过程。王雪无疑是幸运的，虽然身患鱼鳞病，但她的父母却对她不离不弃，并始终坚持用爱来感化她，鼓励她。她的苦难经历得到了更多人的同情和帮助，并最终帮助她战胜病魔，重获新生。人类的美德，在这场厄运中得到了充分的展示：坚持、忍耐、同情、爱心、感恩，等等。厄运的黑暗遮挡不了这些美德的光芒，再大的困难人们也可以战胜，因此，我们也要像王雪一样，面对厄运，请微笑。

23.任何厄运都会给坚持者让路

幸运所需要的美德是节制，而厄运所需要的美德是坚忍；后者比前者更为难能可贵。

——论困厄

还记得那位史学家谈迁吗？他奋斗20余载完成的史书《国榷》，在一夜之间化为乌有，这对他是何等致命的打击啊！但他不屈不挠，坚持奋斗，怀着厄运打不垮的信念，终于在五十多岁时写成了更加翔实精彩的新《国榷》。他的信念是多么坚定啊！正如培根所说：“幸运所需要的美德是节制，而厄运所需要的美德是坚忍；后者比前者更为难能可贵。”

那一年，他13岁。有一天放学后，他奔跑着回家，却不小心被绊倒在地，一个膝盖擦破了皮。到了晚上，他的膝盖疼痛起来。他想，没有什么大不了的事，这种小事情是不值得叫苦的。他不顾疼痛，爬上床去睡觉。第二天早晨，他的整条腿开始疼痛起来，但他仍然坚持着，默不作声。农场的活儿使得全家忙忙碌碌，他总是6点钟就要起床，在去学校前帮家里干些杂活儿。在这个家里，他们兄弟几个都要听父母的话，父母是公平的，但也很固执。两天后，他的腿疼得越来越厉害，已不能去干杂活儿了。正好是星期天，他待在家里，父母、兄弟都乘车进城去了。等到父母回来时，他的腿已经红肿，不得不将鞋割破，才能把鞋脱下来。母亲这才知道他的腿摔伤了，赶紧叫人去请医生。母亲把冰块放在他的腿上，又在他发烫的前额上放一条湿毛巾。医生来了，看了看他的腿，然后摇着头说，腿没救了。他从床上坐起来，问医生是什么意思。医生温和地解释说，如果病情继续恶化，得把大腿锯掉才行。他大声喊：“决不！我死也不把腿锯掉！”医生劝他听话，并说拖得越久，就越危险。他坚定地说：“不能锯掉！”他直盯着医生，眼里透着无比的坚定。医生示意孩子的母亲出去一下。站在门外，医生说明了这样下去的后果。这时，他把哥哥叫进了屋，高声对哥哥说：“如果我昏迷过去，请不要让他们锯掉我的腿！答应我，答应我！”哥哥在床前寸步不离地守了两天两夜。躺在床上的他持续发着高烧，病情越来越厉害，并开始说胡话，神志不清。但是，哥哥毫不退让，忠于职守，因为他向弟弟作了保证。父母知道，如果锯掉孩子的腿是永远也得不到他的原谅的。每次医生要来锯他的腿，都被哥哥坚定地拒绝。最后，医生恼怒了，大声地叫道：“你们是在让他送死！”然后就走了。几天后，医生又顺便来看看，发现他腿上的红肿已经减轻了。又是一个夜晚，他睁开了眼睛，腿

上的红肿已经大大消退。3个星期后，虽然他又瘦又弱，但是，他的眼睛却炯炯有神，他终于又站起来了。他就是第二次世界大战中任欧洲盟军最高司令的德怀特·大卫·艾森豪威尔。回忆起这件少年往事，艾森豪威尔笑着说，任何厄运都会给坚持让路的。

是啊，只要坚持，任何厄运都是可以战胜的。人生在世，谁都希望自己能够顺利地走过漫漫人生路，然而命运之神又会带给人们不同的境遇，可能前半生你一帆风顺，然而转瞬间，痛苦与挫折就会纠缠你，千难万险同你相随相伴。中国女子体操运动员桑兰在一次比赛中失手，使她现在还坐在轮椅上。但她没有埋怨命运的不公，一边忍受病痛的折磨，一边还关心其他残疾人，脸上依然露出恬淡的笑容，如果桑兰在残疾的逆境中沉沦、逃遁、一蹶不振，甚至自我毁灭，那么她永远也不会像今天一样成功。那么，是什么让她战胜命运，取得今天的成就的？是难舍的家人，是惊人的才华，是卓越的思维，还是美好的世间？不，是厄运打不垮的信念让她站到了今天！

厄运虽然艰险，然而勇者却能在厄运中壮志凌云、忍辱负重、坚忍不拔、发愤图强。正如鲁迅所言：“伟大的心胸应该表现出这样的气概——用笑脸来迎接悲惨的厄运，用百倍的勇气来应付一切的不幸。”

重度残疾夫妇曾文寂和付宇用写作笑迎死神。

曾文寂患类风湿关节炎和强直性脊柱炎，每天十分之九的时间只能僵硬地躺在床上，连脖子都无法自如地扭动。付宇因从小患病致两腿重度残疾，从未上过学，全凭自学识的字。他们20年痴情相恋，先后在国内外杂志上发表了230万字的文学作品，出版了四本散文和小说作品，并多次获得全国性大奖，两人分别成为省作协、市作协签约作家。支撑曾文寂人生的信念是“只要自己抓紧生命去努力，去拼搏，去抗争了，就能把人的一辈子活成两辈子”。面对厄运，这是何等乐观的人生态度啊！真是“奇迹多在厄运中出现”！

正是无数像曾文寂夫妇一般的人，用他们自强不息的精神抗争厄运，笑对人生，才造就了他们非凡的人格。然而，也有些人在生活中遭遇一点挫折和失败就退却了，唉声叹气的蹉跎人生。诚然，现今的社会有太多的困难和疑惑阻挡在我们面前，事业的不顺、家庭的失和、婚姻的挫败、恋人的背弃，等等，不断打击着人们脆弱的心。大仲马说过："人生是一串由无数小烦恼组成的念珠，乐观的人是笑着数完这串念珠的。"人生之路崎岖坎坷，有时晴空万里，光芒四射；也有时会暴风骤雨，泥泞不堪。当我们突遭厄运时，只要自己不言弃不言败，谁都无法打败你自己，任何厄运都会给坚持者让路！

24.幸运并非没有烦恼，厄运并非没有希望

一切幸运并非没有烦恼，一切厄运也并非没有希望。

——论困厄

人生难免碰到不如意，此时我们很容易困在负面的情绪里，埋怨天地无情、时不我予，好像全世界都真的对不起自己一样。其实倒霉事不会永远跟定你，除非你自己愿意永远跟负面情绪混在一起，因此，当我们失意时，要不断地鼓励自己，让头脑里正面的想法跑快一点、爬高一点，别留在情绪的谷底。

在这个世界上，快乐与痛苦总是交织在一起的，人们总是活在顺逆悲欢之中，痛并快乐着。生命是一种循环的过程，好事变坏事，坏事变好事的情况经常发生，正如思想家培根所言："幸运并非没有恐惧和烦恼；厄运也绝非没有安慰和希望。"

一个画家尤利乌斯，花2马克买了一张彩票，并中了奖，赚了50万马克。尤利乌斯买了一幢别墅并对它进行了一番装饰。他很有品位，买了很多东西：阿富汗地毯，维也纳柜橱，佛罗伦萨小桌，迈森瓷器，还有古老的威尼斯吊

灯。尤利乌斯很满足地坐下来，点燃一支香烟，静静享受他的幸福。突然他感到很孤单，便想去看看朋友，他习惯性地把烟蒂往地上一扔，然后就出去了。燃着的香烟静静躺在华丽的阿富汗地毯上……一个小时后，别墅变成了火的海洋——被完全烧毁了。

尤里乌斯身中大奖固然值得人们羡慕，然而世间万事无常，眨眼之间，他又回到一无所有的地步。所谓的"幸运"，只是一时的好运，并不能伴随人们一生。一项调查指出，所有曾经获得大笔意外财富的人，90%会在8年之内恢复原状，甚至会过得比原先更苦。

幸运也许能让风筝飞得更高，但是最后的命运，却还是掌握在悬着它的那根绳子上，如果你不肯努力，那么幸运不见得一直都会伴随你，到头来难免会变成厄运！

从前，一个年轻人跟亲戚合伙做棉花生意。他们第一次外出购货，就遭遇了数十年不遇的暴雨，数千斤棉花被沤在库房里霉烂，损失惨重。当他黯然返回家乡后不久，父亲经营的饭铺意外遭遇大火被烧成了一堆瓦砾。从此，他的家境一贫如洗，他的父母则因为悲伤过度先后病故。

年轻人失望了，什么事都不再去想，什么事也都不想去做，只靠亲戚和一些好心邻居的接济勉强度日。终于有一天，年轻人厌倦了这个世界，便独自来到河边跳河自杀，路人看见后把他救了上来。路人问他为何寻死，年轻人就将自己的不幸命运告诉了路人。那人便劝他到湛山寺去拜谒惠明禅师，求他指点迷津。年轻人心怀一线希望，到湛山寺去拜见惠明禅师，又将自己的不幸对惠明禅师倾诉了一遍，然后问道："命数可以逃避吗？"惠明禅师微捻苍髯，笑着说："命，是由你自己做成的。你做了善事，命就好了；你做了恶事，命就不好了。那你此前做过恶事吗？"年轻人摇了摇头。惠明禅师仍笑着说："那么，从现在开始，就重修你的命运吧。"

年轻人悟出了惠明禅师的禅意，重新振作起来，操起父亲生前的生意。他先是在街市上摆了一个小吃摊，生意一点一点做大，后来，他就成了"三盛

楼”的首任掌柜。

这就是“三盛楼”的传奇故事。

有时候，厄运甚至就是一种幸运，一种难得的契机，因为它逼你不得不选择走另一条路，而当你一旦踏上一条新路，成功可能就在向你招手了。

世间没有永久的幸运，也没有永久的不幸，幸运和厄运是可以转化的，命运也是可以改变的。幸运和厄运之间，并没有一条不可逾越的鸿沟，幸运的人，要谨慎意外的灾难；那些接二连三地遇到倒霉事件、哀叹自己“倒霉透顶”的人，一定要正确对待挫折，使厄运和不幸转化为成功和胜利，变成自己人生的一种财富。

25.即使残疾也能飞翔

凡是在身体上有招致轻蔑的缺点的人总在心里有一种不断的刺激要把自己从轻蔑之中解救出来。因此所有的残疾之人都是非常勇敢的。在起初，他们勇敢是为了受人轻蔑的时候要保护自己；但是经过了相当的时间以后这种勇气就变成一种普遍的习惯了。

——论残疾

古今中外，残疾伟人闻名天下的有很多，如美国历史上唯一连任三届总统的罗斯福，用生命书写《史记》这一古典名著的著名史学家司马迁，曾写下《假如给我三天光明》的海伦·凯勒等，这些人都是身残志坚的英雄，他们的成功是付出了比常人多几倍的努力与代价才取得的，所以更值得敬佩。培根在《论残疾》一文里写的一段话也很有见地：“最好不要把残疾看作软弱可欺的

标记，要把残疾看成很少不成功的原因。谁身上有招人歧视的缺陷，谁也就会有永远上进、免受欺侮的精神动力。所以，残疾人个个都是极端勇敢的。”

残疾人士要想成才成功成名，需要付出比健康人更大的代价，克服的困难更超出常人的想象，这与残疾人自身具有的与命运顽强抗争的斗志、对理想执着追求的信念、崇尚崇高思想的境界及坚韧不拔的精神是分不开的。

1984年2月14日，李智华出生在内蒙古的一户农家。爸爸是一个老实憨厚的农民，患有精神病的妈妈硬是由人按着才生下了她。1984年5月23日，父亲李国林外出寻找疯癫的妻子，出生没几个月的李智华一觉醒来将煤油灯碰倒，瞬间炕席、被子相继燃烧起来……无情的大火改变了她的一生，经过抢救，李智华幸运地保住了生命，但却永远失去了双手。

家庭贫寒的李智华偏偏又失去了双手，命运对她开了一个残忍的玩笑，对于她个人而言，是顺从命运的安排还是顽强地与命运抗争呢？她坚强地选择了后者，李智华相信自己能够通过奋斗做到和常人一样。

哥哥姐姐上学去，李智华总是悄悄地跟在后面，渐渐地她学会了用脚趾夹着铅笔写字，刚开始时铅笔头怎么也夹不紧，她就用绳子把铅笔和脚趾捆在一起，绳子松了，就使劲勒。为了能写好一个简单的“0”，她竟整整练了1天，脚被磨得又红又肿。内蒙古的冬天特别冷，由于不能穿袜子，智华的双脚长满了冻疮，但她却从不哼一声。到了入学年龄，李智华因为残疾进不了教室，她便拿几块砖头垫在脚下，悄悄地站在窗外听课。有一次老师提了一个问题，班里的孩子们没有一个能回答上来，这时，却从窗外传来李智华清脆而准确的回答声。学校领导知道她的情况后，决定收她为函授生，每周派老师为小华授课。从此，她一边做家务照顾妈妈，一边坚持学习。2003年6月7日，她走进了普通高考的考场，8月15日，接到了西安欧亚学院的录取通知书，她终于用一双小脚叩开了高等学府的大门。

《隐形的翅膀》这部电影真实地反映了李智华奋斗的经历，李智华没有双手，如同没了翅膀，但她勇敢地面对人生，依靠一双脚，照样在生活中飞翔。

也许老天对这些残疾人有些不公平，但是他们没有就此放弃自己，他们用比常人多千百倍甚至更多更多的努力，来完成常人所能轻易完成的事情。虽然他们的身体不健全，但他们的心灵之窗并没有关闭，可以说，他们用努力换来的成果比健康人要多得多。

一位哲人说过："世界上能登上金字塔的生物有两种：一种是鹰，一种是蜗牛。"不管是天资奇佳的鹰，还是资质平庸的蜗牛，能登上塔尖都离不开两个字——勤奋。影响成才的因素很多，天赋、环境、机遇等条件都是重要的，但更为重要的，起决定作用的是自身的勤奋与努力。

残疾人的成功在于勤奋，他们所取得的成就不是自然的恩赐，而是自身勤奋努力的结果。

残疾人都深知，有幸来到人世间是不容易的，要拼搏，要用与命运顽强抗争来珍惜每个日子，从不放弃。健康人也应当从中得到启示，向残疾人学习那种坚定执着的精神。如果我们智力平庸，能力一般，我们可以通过勤奋弥补我们的不足；如果我们目标明确，方法得当，勤奋会让我们硕果累累；如果我们天资聪慧，天赋极佳，勤奋会让我们获得巨大的成就。可如果我们没有勤奋地学习工作，我们终将一无所获。勤奋刻苦，与命运顽强抗争，这不仅是一种方法和一种精神，更是一种健康人成功成才的正确选择。

26.同情是一种高尚的美德

同情是一切道德中最高的美德。

——论残疾

“同情是一切道德中最高的美德”，这句话是培根爵士对“同情”所赋予的最高评价。法国伟大的启蒙思想家卢梭也曾说过：“人们不会对比自己幸福的人产生同感，而只会对比我们不幸的人感同身受。”因此，“同情”实质上是对他人痛苦的感同身受，也就是将他人与自己视为一体。在现实生活中，总会有许多意想不到的灾难降临，人们在遭受灾难的时候往往显得格外地孤立无援，因此，“同情”就在帮助别人渡过难关的过程中逐渐成为人类的一种美德的。可以说，从“同情”出发，直到“高尚无私”“慷慨大量”，一切对于美德的赞美词汇都出于此而没有其他。

由于一切行为的动机都出于利己、恶毒、同情这三者，所以一个人的道德程度就可以看成这三者在他性格中的比例。同情在这三者中所占比例越大，则一个人的道德程度越高。真诚的同情能给弱者和贫穷者以战胜困难的勇气和力量，这种帮助不仅仅是物质上的，更重要的是在一个人的心灵中撒下了爱的种子，使一个人明白，在这个世界上除了灾难、自私、冷漠之外，还有一种温暖和关怀。这种温暖可能对给予者来说并不是一件很困难的事情，但在被给予者来说却能享用一生。正如一首歌里所歌颂的：“只要人人都献出一点爱，世界将变成美好的人间。”这种“爱”的内容非常博大，有亲情之爱、朋友之爱，同时也包含着对“陌生人”的同情。而对待“陌生人”的同情，则更加体现了“爱”的无私和伟大，下面是一则真实的故事，它告诉我们，同情有时会发生多么奇异的作用：

有一位从贫穷的山区来到大城市读书的大学生，为了解决学费，他偷偷地利用周末做起文具商品的推销员。他的性格比较腼腆，不善言辞，一个月下来，几乎没有得到什么报酬，失望、沮丧使他陷入了非常痛苦的境地。他不知道自己在这种境遇中能否坚持完成学业，因为家庭到底有多少经济的承受力，他自己心里清楚，年迈的父母和正在读书的弟弟、妹妹，由于他的拖累会更加困苦不堪。他暗暗下定决心，再做一个月的推销员，如果还不能挣到自己的学费，就退学出去打工，挣钱养活自己。之后的每一个周末，他疲惫不堪地奔走于一幢幢居民楼、学校、办公楼之间，而带给他的仍然是深深的失望。有一天晚上，他想最后再敲一家住户的门，如果还没有一点收获的话，他就要放弃努力了。他紧张地、怯怯地摁响了门铃，出来开门的是一个中年妇女，她慈爱地问他做什么时，他语无伦次地说明了自己的来意，站在那位妇女身后的一位像初中生模样的小女孩，热情地把他拉进屋，要把他手中提的所有的铅笔、钢笔、圆珠笔一并买下，而那位妇女也没有什么反对的态度。他有点兴奋，有点感激，也有点莫名其妙，买这么多笔干什么？疑问使他意识到：是不是这家人同情他的狼狈模样才这样做？那位妇女和女孩似乎看出了他的犹豫，就和善地说："进屋坐会儿吧。"他说："不坐了，这位小妹妹没有必要买这么多笔，就买一支吧！"那位中年妇女却说："不要客气了，进屋坐吧，我有话想和你聊聊。"没想到那一天，他的生活整个发生了变化。那位妇女原来在公司办公室里见过他去推销文具，知道他是一位生活困难的大学生，就建议他不要再推销文具，让他辅导她的孩子学习，每月可以有几百块钱的收入。从此，那个大学生就安心自己的学业，后来成为一个很出色的学者。

同情是一种高尚美德，但它只是由爱与互助的本能中派生出来的一种感情，并不是万能的，也不是可以超越特定的时空和特定的对象普遍适用的。当我们的同情心在发挥作用的时候，切切记住要注意两点忠告，这也算是对"同情"的限制。

1.不要让"同情"变成恩赐

同情之爱从表现形式而言，往往体现在强者对于弱者、富者对穷者、社会地位高的人对于社会底层的人之间，这就难免夹杂着一种"恩赐""施与"的色彩。同情如果有了这种色彩，就不是真正意义上的同情之爱，反而成为一种表演或炫耀。我们常说"同情心"，同情与"心"相连，才是一种真同情，与"心"无关的同情是令人厌恶的，因为没有"心"的同情，往往对接受者来说就构成了人格上的不平等。虽然有时接受者迫于生存压力也会无奈地接受这种同情，但在精神上他会感受到强烈的屈辱，这种同情不要也罢。

2.不要让人利用你的同情

同情之爱是一种善良的美好的情感，但必须是对真正需要同情的人施用才有意义。如果不分是非，不辨真伪地滥用这种同情，不仅会危害社会，也会危害自己。《伊索寓言》里农夫和蛇的故事是大家都熟悉的，对于那些恶人、坏人滥施同情，你可能是发自真心的，但毒蛇却会借助你的同情达到自己的目的，这就适得其反，失去了同情之心的意义。

27.小疏忽会导致祸患降临

祸患多蕴藏在隐微地方，而发生在人们疏忽的时候。

——论荣华与名誉

小疏忽会导致祸患降临？这似乎是一件不可思议的事，然而无数事实已经充分证明了这一事实。俗话说“千里之堤毁于蚁穴”，区区一个蚁穴无足轻重，但人们若不及时防治，却可以使千里长堤毁于一旦。在我们有限的生命中，每个人都曾用自己的经历来诠释“祸患常积于忽微”，新闻报道中的事件一件接一件，着实令人触目惊心，而现实中的“疏忽”，往往是“祸患”产生的根源，如果人们任由“疏忽”自由泛滥，那么就要对选择的后果作出应有的承担。

国王查理三世准备拼死一战了，里奇蒙德伯爵亨利带领的军队正迎面扑来，这场战斗将决定谁统治英国。

战斗进行的当天早上，查理派了一个马夫去备好自己最喜欢的战马。“快点给它钉掌，”马夫对铁匠说，“国王希望骑着它打头阵。”“你得等等，”铁匠回答，“我前几天给国王全军的马都钉了掌，现在我得打点儿铁片来。”“我等不及了。”马夫不耐烦地叫道，“国王的敌人正在推进，我们必须在战场上迎击敌兵，有什么你就用什么吧。”

铁匠埋头干活，从一根铁条上弄下四个马掌，把它们砸平、整形，固定在马蹄上，然后开始钉钉子。钉了三个掌后，他发现没有钉子来钉第四个掌了。“我需要一两个钉子，”他说，“得需要点儿时间砸出两个。”“我告诉过你我等不及了，”马夫急切地说，“我听见军号，你能不能凑合？”“我能把马掌钉上，但是不能像其他几个那么结实。”“能不能挂住？”马夫问。“应该能，”铁匠回答，“但我没把握。”“好吧，就这样，”马夫叫道，“快点，要不然国王会怪罪到咱俩头上的。”

两军交上了锋，查理国王冲锋陷阵，鞭策士兵迎战敌人。“冲啊，冲啊！”他喊着，率领部队冲向敌阵。远远地，他看见战场另一头自己的几个士兵退却了。如果别人看见他们这样，也会后退的，所以查理策马扬鞭冲向那个缺口，召唤士兵掉转头战斗。

他还没走到一半，一只马掌掉了，战马跌翻在地，查理也被掀翻在地上。

国王还没有抓住缰绳，惊恐的马就跳起来逃走了。查理环顾四周，他的士兵们纷纷转身撤退，敌人的军队包围了上来。

他在空中挥舞宝剑，“马！”他喊道，“一匹马，我的国家倾覆就因为这一匹马。”

他没有马骑了，他的军队已经分崩离析，士兵自顾不暇。不一会儿，敌军俘获了查理，战斗结束了。

所有的损失都是因为少了一个马钉。

生活中，我们往往对一些小事不太在意，认为对于一些小事，做与不做、做好做坏都不会影响全局，但事后我们会发现，一个小动作，一句话，甚至一个眼神都可以扭转整个局势。同时，当许多件小事叠加在一起，其影响力也足以令人惊叹，正所谓“水滴石穿”。一个没熄灭的烟头可以点燃一片草原；一

颗松了的螺丝钉可以引发一场车祸；一个没钉紧的马钉可以毁灭一个国家。

著名哲学家培根曾说过：“祸患多蕴藏在隐微地方，而发生在人们疏忽的时候。”如果一个人在平时常不拘小节或是“反其道而行之”，最终总是要受到惩罚的。像冯大兴、朱泽明，他们竟从一个“堂堂的大学生”，颓废沉沦为人民的罪犯！如此沉痛的事实不能不引人深省，这难道不是他们平时不注意自己在道德、情操方面的修养所造成的吗？假使他们注意了这一点，也断不至于陷入泥塘，不能自拔。

诚然，人们有时会有小小的疏忽，这本无可厚非，然而重要的是，人们如果对于自己的过失不重视，不以为然，总抱着下不为例的想法，那就比较危险了。很多事一般都并非仅此一回，也并非下不为例，对自己要求不严的后果，常常是产生“祸患”的根本原因。

祸害每每产生于疏忽，但又常常由于谨慎而消除，因此我们不要因为事小而不加戒备。要知道，轻是重的开始，小是大的源头，能让堤坝溃决的是蚁穴，一个小小的马钉也能毁灭一个国家。与其在灭火后奖赏焦头烂额的救火者，倒不如在起火前接受改灶移薪的建议。

人越谨慎，祸患就会越少，请谨记：福从细微事里酝酿，祸从疏忽中萌发。

28.学问要经受住经验的锻炼

学问锻炼天性，而其本身又受经验的锻炼；盖人的天赋有如野生的花草，他们需要学问的修剪；而学问的本身，若不受经验的限制，则其所指示的未免过于笼统。

——论学问

什么是学问？某人有博士学位，那么他就是很有学问吗？那可不一定。因为学问不等于学历，哪怕你没上过学，也可能是有学问的人。很多社会学家认为，学问就是人们在社会中做人做事的过程，做人正确、做事正确就是有学问，这样说起来好像很容易，实则不然，能把人做好，把事做好，世间人的确不多。

既然知道了学问为何物，那么接下来我们就要知道学问是从哪里来的，怎么样才能让自己成为一个有学问的人。总的来说，学问是从人生经验上总结出来的，是从做人做事中体会出来的。这个学问不是在课本里能学到的，而是要求我们随时随地在生活中去感受的，也可以说，学问来自于生活，而又接受经验的锻炼。

张师傅1955年农业大学毕业时，正好20岁，他被分配到了南阳农场当上了一名农业技术员。那时候，在南阳农场里，没有一个是科班出身的正规大学毕业生；农场职工中，就是高中毕业水平的也寥寥无几，张师傅的到来给大家增添了许多科技知识。

谁知，生活总是好作弄人，张师傅刚参加工作的一年里，他亲手种植的蔬菜总是不如别人的好，偏偏种植的黄瓜要么不挂果，要么挂果就是黄果儿。张师傅查遍书籍和资料，总是找不出原因来。而本农场的种瓜“老把式”杨师傅，尽管初小文化水平，可种植的瓜果，那真叫一个瓜果飘香。一时间，真让张师傅无地自容。在领导的鼓励下，张师傅决定开一次“诸葛亮”会。这天，农场里几个有经验的“老把式”都来了，大家通过会诊得知：张师傅过于教条，种瓜总是以书本知识为主，没有做到因地制宜，对症下药。

有了这次“从群众中来”，张师傅又及时地“到群众中去”。第二年，张师傅的瓜菜都获得了大丰收。张师傅总结道：理论知识只有与实践相结合，书本知识只有与实践劳动相结合，才能开出幸福的花，结出甜蜜的果。不久，张师傅就成了农场里响当当的、既有理论知识又有实践经验的农业专家。

学问是我们对社会生活中形形色色事件的消化吸收，吸收得少了，知识量不够；消化不了更不行，相当于无用功。在学问里我们要应用自如，能够灵活应用学问帮我们解决面对的问题，这才是活的学问。如果被书本知识所压倒，则所消化太少，自得太少。

在佛家禅宗里，有这样一个故事：一个大师对许多和尚说："你们虽有一车兵器而不能用，老僧虽只寸铁，便能杀人。"因为这寸铁是大师自己的，所以有用，别人虽然眼前摆着许多兵器，但与自己无关，所以运用不来；这就是在乎一自得，一不自得也。

如果面对问题，人们能认识、能判断、能抓住问题的中心所在，那么这就是有用，就是有学问；如果面对问题茫然地不能判断，不能解决，纵然看过再多书，学过再多知识，也是无学问。

29.何为学问

读书为学的用途是娱乐、装饰和增长才识；在娱乐上学问的主要的用处是幽居养静；在装饰上学问的用处是辞令；在长才上学问的用处是对于事务的判断和处理。

——论学问

自古以来，人们常常把有知识当作是有学问，那么知识是否等同于学问呢?

清代文学家郑燮有一段话将学问一词解析得十分透彻："学问二字，须要拆开看。学是学，问是问。今人有学而无问，虽读书万卷，只是一条钝汉尔……读书好问，一问不得，不妨再三问，问一个不得，不妨问数十人，要使疑窦释然，精理进露。”由此可知，所谓学问就是既学又问，如果人们不学不问，那就难以成其学问。

一方面来说，知识是学来的；另一方面也是问来的，问是学的前提和方法，是通向知识大门的铺路石。古今中外，不管是名人还是平凡人，都明白知识是要学和问结合起来的。

1939年夏天，有人介绍一位青年诗人到育才学校半工半读，介绍信上写道：“刘文伟，诗人高歌的学生……”陶行知一看，风趣地说：“喔，文——伟，你诗文伟大呀？”青年忙说：“不，相反——很渺小，我已经把伟字改成苇，芦苇的苇。”

陶行知笑了，说：“对呀，不要自封为伟大，要大众承认才是真伟大。你愿意做芦苇，好，芦苇做成船，也可以渡人到达彼岸呀！”

过了一会，陶行知又说：“你是高歌的徒弟，一定是个小洋诗人吧？”

青年人答：“不，我是土人，从小是孤儿，做过童工，爱唱劳动号子，自己编词儿，是地道的‘杭唷’派”。

陶行知“哦”了一声说：“那我们是同志呢，我也是‘歌谣派’，你读过我的诗吗？”

青年人说：“读过，很喜欢。听说你跟唐代诗人白居易一样，写了诗先读给老妈子听。我还喜欢唱您编的歌，如《锄头舞歌》《镰刀舞歌》《手脑相长歌》，等等。”

陶行知立刻喜欢上了这个叫刘文苇的青年人，对他特别关心，经常问他学习、生活的情况。

当时小刘才18岁，学习兴趣很高，而且爱好广泛，在育才学校，他感到什么都新鲜，样样都想学想问。陶行知工作很忙，平时住在北碚，到学校来一趟不容易，要处理的事很多。但小刘见缝插针，一有机会就去向陶行知请教，陶行知也总是热情耐心地回答他的问题。

有人责备小刘“不懂事”，但陶行知鼓励小刘说：“做学问就是要学要问，我过去写过一首诗：‘发明千千万，起点是一问。人力胜天工，只在每事问’。学问，学问，光学不问只是一半，光问不学也只是一半，又学又问才是完整的学问。好比一个人，不能光有右手右脚，也不能光有左手左脚，要左右配合才是完整的人。”

陶行知的教诲给小刘很大启发，他也写了一首诗，题为《学问》：

学问学问，既学又问。光学不问，半截理论，死啃书本，用时不灵。

光问不学，一半是零，不成条理，低级水平。又问又学，真正聪明，

又学又问，才是完整的活的学问。

在陶行知和育才学校文学组主任艾青的帮助教育下，小刘后来成为我国著名的诗人。

这个故事告诉我们人所具有的知识是靠勤奋的一学、二问得来的。

学——人的一生，从幼儿、小学、中学到大学很多的时间是听老师讲课，听讲课是学知识极端重要的方面，必须认真听好每节课；再就是苦读；其次是实践中学，不实践不动手，掌握不了真知识。

问——就是不懂的问题，要问老师、问同学、问同事。多问会使我们更快地理解问题，更快地掌握知识。但“问”往往被人们忽视。不少年轻人自己不懂的问题，不愿问人。喜欢自己看书，喜欢自己独立思考，觉得问人不光彩，浪费了很多精力和时间。其实“问”与“学”是同等重要的问题，而且“问”能起到事半功倍的效果。往往一个不懂的问题，我们看几遍书，几十分钟，甚至几小时都不懂，问问人几分钟就懂了。伟大的科学家爱因斯坦说：“提出问题比解决问题更有价值”，也可以说发现问题比解决问题更有价值，因为首先发现问题，才能提出问题，发现了问题，不提出来也没用。无论是学习还是工作，发现问题和提出问题都是极端重要的！

什么是知识，世界名人培根说过：“世界上的一切知识都只不过是记忆”，世界上的伟人和大学者，记忆能力都很强，因为他们记忆了很多很多知

识，解决起问题来才得心应手。而有些人学也学了，问也问了，但就是什么都没记住，脑中一片空白，能算是有学问吗，当然不算，学问仍然是别人的，所以，一学、二问、三记住，才算是真正的“学问”。

30.学问的价值

不要为了辩驳而读书，也不要为了信仰与盲从；也不要为了言谈与议论；要以能权衡轻重、审察事理为目的。

——论学问

人们已经知道，万事万物的产生和发展自有其道理，因此，千百年来人们为了不断改善自己的生活，并满足自己与生俱来的好奇天性，不断地向自然及科学领域探索。所以，学问就自然而然地被赋予价值，培根说：“不要为了辩驳而读书，也不要为了信仰与盲从；也不要为了言谈与议论；要以能权衡轻重、审察事理为目的”，这是不同人对学问不同价值的体现。英国教育家斯宾塞也指出：“获得任何一种东西有两项价值，作为知识的价值和作为训练的价值。获得每一种事实的知识，除了用以指导行动外，也可以用来练习心智；应该从这两方面来考虑它在为完满生活作准备时的效果。”

从前，在一座城市中，有两个市民为不同的意见而发生争论。一个人贫困而有学问，另一个人富有但十分无知。富翁想贬低穷人，他认为一切聪明人都应该尊重他，说不尊重他的人就是傻瓜。但人们觉得没有道理去尊重一些没有价值的财富。

“我的朋友，”富翁对聪明人说道，“你觉得自己应该受到别人的尊重，但请你对我讲，你举办过宴会没有？你这种人，断文识字又顶什么用？你们总是住在顶层的亭子间，一年四季所穿的衣服既无区别又没有变化，你的仆人就是随身的影子。我们的国家倒真需要像你们这种不需花费多少钱的人呢！不过要我说，只有多花钱过舒坦日子的人才会促进社会的发展。老天在上，只要我们使劲花钱享受，才能保证手艺人、卖货郎、做裁缝的、做佣人的，还有你们这些把自己拿不出手的作品送给银行家的人有饭吃。”

这些极为狂妄的大话深深地刺伤了聪明人的心，有学问的人有满腹道理可反驳富人，但他不愿与他多费口舌。此后发生的战争帮他报了这一箭之仇，而且比任何的反驳或讽刺效果都妙，战争摧毁了富翁和穷人的住宅，两人都背井离乡离开了家。没文化的富翁已沦为乞丐遭人唾弃，而贫穷的文化人仍受人尊重和款待，他俩之间的争端也就画上了一个句号。因此可以这么说，随便傻子如何贬低知识的价值，学问经得起考验，价值与日俱增。

就像故事中说的，学问是经得起考验的，学问的价值也是与日俱增的。随着学问的进步，人们获得了今天的文明，华美的服饰、富足的食物、舒适的房屋等，人们的生活舞台变得越来越美好，这体现出了学问的社会功利价值。根据美国科学家的研究结果表明，受教育程度高的人更健康和长寿，人们可以从以下几点得到佐证。

首先，受教育程度高的人，可能其社会地位和经济地位比较高，个人成就感和幸福感比较强，生活条件，包括衣食住行的条件会比较优裕，特别是医疗卫生、保健条件会比较好，因而会健康和长寿。

其次，受教育程度高的人智力活动会更多，所进行的智力体操就多，而智力活动有利于健康和长寿。

再次，受教育程度高的人有更强的获取资讯的能力，有比较合理的生活方式，有丰富、科学、合理的养生保健知识和措施，从而更加健康和长寿。

最后，受教育程度高的人有对自我更负责任的态度，会更加珍爱自我、善待自我，会更少地放纵自我、透支生命，因而会健康长寿。当然，受教育程度

高的人从事高危职业的可能性比较小，受到意外伤亡的可能性就比较小。

在任何一个时代，人们总在用价值说明学问对于人的重要。例如，古人留下的字画之类的古物，放到现在最明显的就是金钱的价值，用古人好不容易留下的东西来说明古人的学问的价值，是不太合适的，因为有太多的学问不能通过古物流传下来。又如，古人常说“书中自有颜如玉，书中自有黄金屋”之类的话，就是想告诉我们，读书才有学问，有了学问才有黄金、粮食和美女。当然，学问的价值不好用金钱衡量，它的近期效用，就是能把知识化作生产力。实现生产价值，它的长远价值，在于对人、对社会潜移默化的影响，积累的知识将影响人类的发展。

学问的价值，还在于人类对未知世界的渴望，有时它并不以有形价值衡量，比如人类登月的学问、基础科研的学问，这些也许目前看不见金钱效益，但它也有不可估量的价值。

31.学以致用是将“学问”转化为成功的能力

在学问上费时过多是偷懒；把学问过于用作装饰是虚假。

——论学问

有一对很有学问的夫妻，他们很受当地人的敬仰，他们知道都是学问给他们带来的荣誉，所以当妻子怀孕的时候，丈夫就为孩子订了一套将来的学习计划。妻子看完丈夫定的学习计划说：“亲爱的，你订的学习计划每天都满满的，难道你忘了孩子还要上学吗？”

丈夫把妻子搂在怀里，指着学习计划说：“亲爱的，你说在这座小城里谁

的学问最高？”

妻子回答道：“那还用问，当然是咱们了。”

丈夫微笑地说：“是呀，咱们拥有这么高的学问，为什么不自己教孩子，而要把孩子送去学校，浪费时间和金钱？”

妻子听了觉得很有道理地点点头。

不久他们的儿子出生了，他们开心得不得了，特别是亲戚朋友来他们家里祝贺，夸他们的儿子聪明伶俐，长大后学问一定会胜过父母时，夫妻心里简直乐开了花。

时间过得真快，转眼间儿子2岁了，话还没说清楚，丈夫就按计划把书房收拾一下，作为儿子的教室。每天在教室里教儿子背诗，可是儿子话还没学全，让他背诗就更费劲了。有时候丈夫教上一整天，他才断断续续地学会一首。

丈夫很着急，妻子安慰他说：“儿子还小慢慢教。”

丈夫一听急了，不悦地说：“慢慢教，你看隔壁老王家儿子，都能背两首古诗了，慢慢教……你想让别人家孩子超过咱们儿子吗？”

妻子委屈地说：“可是老王家孩子已经5岁了。”

丈夫不再理妻子，气呼呼地走进书房继续教孩子背诗。

就这样儿子长到5岁的时，已经能背下唐诗三百首了，可是丈夫还是很不满意。于是更加严厉，每天把孩子圈在书房里让他学习，一点玩的时间都不给他。

转眼儿子到了7岁，该上学了。有一天，儿子兴奋地抓住妈妈的手说：“妈妈我也要上学，能天天和小朋友一起玩太好了。”丈夫听了，急忙拉过儿子说：“咱们不上学，有爸爸教你，比任何一位老师都强。”儿子有些恐惧地看着父亲，失望地低下头。

就这样年复一年，日复一日，儿子越来越少走出家里的那间书房，甚至吃饭都懒得出来吃，每天埋在书本的海洋里，他的脑海中只有一个字——学……学……

丈夫很满意地看着儿子现在的学习状态，根本不用他督促，儿子自己就知道去学习了。他得意地想给儿子订的学习计划果然有用。渐渐地夫妻俩到了中年，儿子也到了结婚的年纪。丈夫告诉儿子，别再学习了，你应该找份工作，然后交个女朋友，结婚生子。

儿子把头埋在书堆里说："爸别吵我，我正在学习。"

丈夫无言以对，只好和妻子硬是把儿子拉出那间书房，不久丈夫为儿子找了一份工作，那家单位听说是他的儿子，二话没说，就请他明天来上班。儿子不识路，丈夫把儿子送到了那家单位。但是还没到天黑，儿子便被单位里的人送了回去，送来的人说："我们单位不收智障人士。"

夫妻俩非常生气，去找那家单位的领导理论。

那家领导说："你说你儿子不是智障人士，他为什么什么也不会，就连最简单的端茶倒水都不会，让他回家他连路都找不到……"夫妻俩争辩地说："我儿子脑袋里的学问谁也比不上的。"领导说："可他根本不懂得生活常识和为人处世，他脑袋里有再多的学问又有什么用？"

夫妻俩听完无言以对，红着脸垂头丧气地走了……

人们都说，学问是通往成功大门的桥梁，诚然，多读书，多学习知识是对的，但不可像故事中的"儿子"那样一味死学。培根说："在学问上费时过多是偷懒；把学问过于用作装饰是虚假。"确实如此，"学问"不是应付父母、应付考试的，我们要把所学来的知识消化吸收为自己的营养，应用到工作实践中去，这才是"学问"的真正作用。

一个总经理要招聘助理，同时有三个应聘的人：一个人有非常高的学历，是博士，另一个人有十几年以上的工作经验，还有一个人，显然不如前两者，学历不够高，工作经验也不够多，是刚毕业不久的一个普通大学生。

总经理在自己的办公室，对秘书说，叫他们都进来吧。秘书说，你让他们坐哪儿？你的办公桌前面都是空着，没有一张椅子，总经理说，就这样吧。

博士第一个进来了，总经理笑着跟他说："请坐。"那博士特别尴尬，四处看看没有椅子，说："我就站着吧。"总经理还说："请坐。"博士说："我没有地方坐啊。"总经理看看他，笑了笑，问了他几个问题，就让他走了。

第二个进来了，总经理又跟他说："请坐。"他就一脸的谄媚，很谦卑地说："不用，我都站惯了，咱们就这么聊吧。"总经理跟他聊了几句后，让他走了。

第三个学生进来了，总经理说："请坐。"他四处看看说："您能允许我上外面去搬一把椅子吗？"总经理说："可以。"这个学生出去搬了把椅子进来，坐下后就跟总经理聊起来。

最后这个学生被留了下来。

这个故事是什么寓意呢？第一个人可能知识很多，但是他不能变通。第二个人经验很多，但是他又受经验的局限。第三个人介乎知识和经验之间，他知道在当下怎样做是最合适的。在学以致用的时候，没有哪一个用法就一定是对的，这里面要有变通，要有转化。

学以致用是将"学问"转化为成功的一种能力，是一种使自己更轻松地前进的智慧。而不善于学习、不善于把知识变成能力的人，就会像无头的苍蝇四处乱撞，就会华而不实，很难获得真正的提高，这样的人，终其一生难成大事。

32.面对学问的态度

多诈的人渺视学问，愚鲁的人羡慕学问，聪明的人运用学问；因为学问的本身并不教人如何用它们；这种运用之道乃是学问以外，学问以上的一种智

能，是由观察体会才能得到的。

——论学问

宋朝黄庭坚被列为“苏门四学士”之一，他有一句名言：“三日不读书，便觉语言无味，面目可憎。”英国哲学家培根也有句名言：“多诈的人渺视学问，愚鲁的人羡慕学问，聪明的人运用学问。”这是古人对学问的看法，那么今天我们现代人对学问应该抱持一个什么样的态度呢?

第一，投机的人，忽略学问。

一只幼蝶在茧中艰难挣扎，人们看着不忍，就用剪刀帮它将茧剪掉，让它轻易地从中出来，但是过不了多久，人们发现幼蝶竟然死掉了。这是因为幼蝶在茧中挣扎的生命过程是它来到世上生存的不可缺少的一部分，是为了让它的身体更加结实、翅膀更加有力，而人们这种投机取巧的方法只会让其失去生存和飞翔的能力。

俗话说，“不积跬步无以至千里”，对待学问，我们也要付出加倍的耐心和毅力才能小有所成。而有些人，仗着自己有些小聪明，以为不需要学问做基础，就可凭着机巧应对进退，这无疑就像剪掉蚕茧的幼蝶，没有学问的积累，如何能化茧成蝶，飞翔在高空呢?

第二，浅薄的人，轻视学问。

有很多的人，由于自己受教育很少，自己没有接触到高深的学问，就轻视自己。这样的人不必太过自卑，有时候，学问是从别人讲说、从书本、从自己做事的经验里获得，更可从自己的悟性里获得。因此，浅陋的人，不要轻视学问，更不要自卑。

第三，聪明的人，善用学问。

李嘉诚小的时候非常喜欢读书，他什么书都喜欢读。后来他来到了香港，做推销工作，他没有忘掉学习，他一面赚钱养家，还不忘一面博览群书。除了小说，文、史、哲、经济、科技方面的书他都爱读，因为他要了解前沿思想理

论和科学技术。

后来，李嘉诚回忆起这段经历时深有体会地说："年轻时在兴趣的驱使下，如饥似渴地汲取知识，可那时表现谦虚，心里很骄傲。为什么骄傲，因为当别人去玩的时候，我在努力地学习，他们每天都在原地踏步，而我的学问日渐增长，可以说我事业后来的成功，是因为我把所学的知识都很好地应用到工作中了。事实证明，当时学习的冲劲，对以后的事业发展有极大的帮助。"

有的人一辈子刻苦读书，但却不懂得善用书中的知识，这是资源的浪费，是死读书。真正聪明的人，除了善读书，还善于消化吸收学习到的经验知识，转化、充实自己的学问内涵，这才称得上是有智慧的人。

人的资质虽有贤愚平庸之别，但是对于学问的态度，是可以由自己来决定的。人们可以求机巧而忽略学问，那么即使成功，也只是一时侥幸；人们若轻视学问，只有越显自己浅薄；而善用学问的人，则足以培养聪明智慧；严谨对待学问的人，无疑会得到他人的尊重。因此，我们要逐步踏实累积学问，并能够将其灵活运用到我们的生活中，这样才是对"学问"的尊重。到那时，知识的天空将任由我们翱翔，世界的奥妙也将任由我们探求，我们将真正成为学问的主人。

33.不耻下问是中华民族的传统美德

富于经验的人善于实行，也许能够对个别的事情一件一件地加以判断；但是最好的有关大体的议论和对事务的计划与布置，乃是从有学问的人来的。

——论学问

“学问”一词非常简单，即要学也要问，当人们面对已知的知识时可以去学习，去接受教育，而面对不了解的事物、问题和现象，就需要去提问、求解。培根曾告诫我们：“富于经验的人善于实行，也许能够对个别的事情一件一件地加以判断；但是最好的有关大体的议论和对事务的计划与布置，乃是从有学问的人来的。”因此，严肃认真的学习态度固然重要，而积极求问更属难能。遇到问题时，我们不仅向老师、年长者去问，也要向年轻人去问；既应向资深的专家学者问，也要向普通劳动者问。即使对方的年龄、学历比自己低，我们也要不耻下问去求解，这是我们中华民族的传统美德。

孔子说“余非生而知之者”，有不懂的事情便求问于人。一次，孔子去太庙参加鲁国国君祭祖的典礼，他一进太庙，就向人问这问那，几乎每一件事都问到了。当时有人讥笑他说：“谁说孔子是有学问的‘圣人’，懂得礼仪?你看，他来到太庙，见什么人都要问，遇到什么事都要问。”孔子听到人们对他的议论，说道：“我对于不明白的事，遇人必问，这恰恰是我要求知礼的表现。”

孔子这种不耻下问的精神，给我们做了非常好的榜样，我们应该怎样发扬不耻下问这一美德呢?

1.发扬不耻下问的美德，首先应真诚谦逊

气象、地理学家竺可桢，在离他逝世两个星期前的一天里，当他得知外孙女婿来到他家，便迫不及待地叫他讲授高能物理基本粒子的基本知识。老伴劝他：“你连坐都支持不住，还问这些干什么？”竺老听了老伴的话儿，一边咳嗽一边说：“不成，我知道得太少。”

竺可桢在气象学上辛勤耕耘，数十年如一日地进行长期观察研究，一生硕果累累。谁能想到，一个蜚声中外的大科学家，竟还在84岁的高龄，在生命处于垂危之际，先后五次向晚辈求教“补课”，孜孜不倦，这不能不说正是我国谦逊好学，不耻下问，甘拜人师，永不满足的精神这一传统美德在一个大科学家身上的生动体现，这也正是他能走向人生光辉顶点的基本要素。

2.发扬不耻下问的美德，要做到勤学好问

伽利略17岁那年，考进了比萨大学医科专业。他喜欢提问题，不问个水落石出决不罢休。

有一次上课，比罗教授讲胚胎学。他讲道："母亲生男孩还是生女孩，是由父亲的强弱决定的。父亲身体强壮，母亲就生男孩；父亲身体衰弱，母亲就生女孩。"

比罗教授的话音刚落，伽利略就举手说道："老师，我有疑问。"

比罗教授不高兴地说："你提的问题太多了！你是个学生，上课时应该认真听老师讲，多记笔记，不要胡思乱想，动不动就提问题，影响同学们学习！""这不是胡思乱想，也不是动不动就提问题。我的邻居，男的身体非常强壮，可他的妻子一连生了5个女儿。这与老师讲的正好相反，这该怎么解释？"伽利略没有被比罗教授吓倒，继续发问。

"我是根据古希腊著名学者亚里士多德的观点讲的，不会错！"比罗教授搬出了理论根据，想压服他。

伽利略继续说："难道亚里士多德讲的不符合事实，也要硬说是对的吗？科学一定要与事实符合，否则就不是真正的科学。"比罗教授被问倒了，下不了台。

后来，伽利略果然受到了校方的批评，但是，他勇于坚持、好学善问、追求真理的精神却丝毫没有改变。正因为这样，他才最终成为一代科学巨匠。

在这个信息爆炸的时代，大量的信息和知识充斥在我们周边，如果不积极学习，那么我们很可能被社会抛弃，成为一个学问上的落后者。因此，只有勤学、勤问，才能不断积累知识，不断更新知识，不断丰富和提高自己，适应时代的需要。

3.发扬不耻下问的美德，还要善于求问

孙中山小时候在私塾读书。那时候上课，先生念，学生跟着念，咿咿呀呀，像唱歌一样。学生读熟了，先生就让他们一个一个地背诵，书里的意思，

先生从来不说。

一天，先生又教了一段课文。孙中山读了几遍，就能背了。可是，书里说的什么意思，他还有些不明白。孙中山想，这样糊里糊涂地背，有什么用呢？于是，他壮着胆子站起来，问："先生，您刚才让我们背的这段课文是什么意思？请您为我们讲讲吧！"

这一问，把正在摇头晃脑念书的同学吓呆了，课堂里霎时变得鸦雀无声。

先生拿着戒尺，走到孙中山跟前，厉声问道："你会背了吗？"

"会背了。"孙中山说着，就把那段课文一字不漏地背了出来。

先生收直戒尺，摆摆手，让孙中山坐下，说："我原想，书中的道理，你们长大了自然会知道。现在你们既然想听，我就讲讲吧。"

先生讲得很详细，大家听得也很认真。后来，有个同学问孙中山："你向先生提问题，不怕挨打吗？"孙中山笑了笑，说："学问学问，不懂就要问。为了弄清道理，就是挨打也值得。"

"学问"不等同于单纯的知识，它还包括社会知识和应用经验，因此当我们在社会上生活时，无形中就有了很多学习和提问的机会，这就要求我们不仅要会看、会听，还要会想、会问。很多高深的学问是在书本上学不到的，但只要我们善于向有实践经验的人求问，便能学到许多有用的知识。

由此可知，我们更要提倡和发扬这种"不耻下问"的精神，要想获得真学问，必得常开口求问，正所谓"遇事一问，必长一智"，问能者、智者、强者，也问不如己者，这样我们的知识和学问才能不断丰富、提高。

第二章

关于社会

34.“习惯”可以成就你，也可以毁灭你

习惯是人生的主宰，人们就应当努力求得好的习惯。

——论习惯与教育

习惯，是指积久养成的生活方式。在今天，习惯被用来泛指积久养成的、不易更改的行为动作、生活方式乃至社会习俗、道德传统等。英国哲学家培根曾在《论习惯与教育》一文中指出：“习惯是人生的主宰，人们就应当努力求得好的习惯。”既然习惯有好坏优劣之分，我们就应该对其一分为二地看，如果让坏习惯主宰了我们的生活，那么就会将我们的美好人生毁于一旦。

又到了毕业季，正在应届毕业生们焦头烂额地四处投递简历时，某大城市的一家外资企业向他们抛来了橄榄枝——确切地说，是向他们当中的精英发出了邀请。这家企业的招聘启事上赫然写着：要求重点大学毕业，外语能力优秀。

天之骄子们摩拳擦掌，一路闯关过来，最终剩下了5个候选人。他们来到总经理面前，等待着总经理最后的遴选。然而，总经理却略带歉意地说：“跟大家先道个歉，我这儿突然有点急事，要出去一会儿，你们能等我一下吗？”5个大学生纷纷表示理解总经理，并恭敬地目送他离开。

总经理走后，无所事事的应聘者们在总经理办公室里打量了起来，他们有人拿起总经理的紫砂壶观察起来，有人抽出总经理书柜里的名著解闷，有人拿起总经理案头的文件看了起来。

10分钟后，当总经理回来时，还没等他们5人自我介绍，总经理就说："很抱歉，这次面试的结果，你们5人全部不及格。"看着面面相觑的大学生，总经理又说，"你们是不是很疑惑为什么面试还没开始就结束了？其实，我离开的这段时间，就是在给你们面试。各位表现出来的种种习惯，我想我不用多作评价了。"

听完这些，大学生们都傻了。原本并不当回事的习惯，竟让他们栽了这么大的跟头。

一种习惯一旦养成，便会像一种如影随形的控制器，在人们不知不觉中操控着人们的思想和行为，乃至影响到人们生活中的每个细节。事例中的几位大学生，能够一路过五关斩六将，可见他们的能力在众多应聘者中无疑堪称翘楚，也足够负担起公司将要安排给他们的任务。然而，人的行为是由习惯决定的，而并非完全取决于能力。这5个大学生乱动他人物品，这一不良习惯日后将会产生何种更加恶劣的行为，我们不得而知，该企业更难以预料，因此只能忍痛割爱，舍弃了这几名优异的才子。从这几位学生的身上我们也应该看出，习惯之于我们，不是天使，就是恶魔。

作为一种习惯性动物，人类在生活中的大多行为，基本都源自习惯。在习惯的支配下，我们做事时不必花费太长的思考时间，不用采取太过复杂的行动，不需要做每件事之前都去探索、研究。因为有了习惯，人类基本都会以一种完全自动化的方式来面对各种已经认识的事物。这种自动化，使我们变得轻松，使我们得以从重复、繁杂的日常琐事中解放出来，从而以更饱满的精力去应对新鲜的、创造性的事物。基于此，我们的工作更加有效率，我们的生活更加丰富多彩。下面我们再来看一个正面的例子：

举世闻名的福特汽车公司，不仅让美国的汽车产业夺取世界汽车产业的魁首，还使得美国的国民经济状况发生改变。然而，这个行业奇迹的创造者福特，当年却是因为捡废纸这个习惯，获得了第一份有关汽车的工作，这一点，恐怕是很多人都想不到的。

那一年，福特大学毕业了，急着找工作。他来到一家汽车公司，看着其他几个同样来应聘的人，他有些心灰意冷：他们的学历都比他高。但他没有放弃，还是按照原定计划，敲响了董事长的办公室门。进门后，他发现地上有张纸，就顺手将它捡了起来。看清楚这张纸是废纸时，他将它揉作一团，轻轻丢进了废纸篓。然后，他来到董事长面前，微微鞠了一躬，礼貌地说道："您好，我叫福特，是来应聘的。"

他话音刚落，董事长高兴的声音就响了起来："您好，福特先生。恭喜您，您被我们录用了。"他看着福特诧异的眼神，来到他面前，拍了拍他的肩膀，然后用眼神向他示意：你的工作，来自你的好习惯。扔进废纸篓里的废纸，比任何的学历都宝贵。

很多人看了这个故事，会认为福特的这次成功完全来自偶然。其实，所有的偶然中，都蕴含着必然。如果福特平时没有养成爱清洁、捡垃圾的习惯，他又如何会在应聘的紧张时刻自然而然地做出这样的举动呢？他日积月累的习惯，为他带来了益处，这益处就是一份不错的工作。罗斯教育心理学奠基人乌申斯基曾说："好习惯是人在神经系统中存放的资本，这个资本会不断地增长，一个人毕生都可以享用它的利息。而坏习惯是道德上无法偿清的债务，这种债务能以不断增长的利息折磨人，使他最好的创举失败，并把他引到道德破产的地步。"这就是说：你如果养成了好的习惯，你会一辈子享受不尽它的利息；要是养成了坏习惯，你会一辈子都偿还不完它的债务，这就是习惯。

既然我们生而为人，不可避免地就要总与习惯相伴，那就没有理由放弃对良好习惯的选择和培养，只有把一个好的习惯进行不断修炼，才会真正化为行动性的习惯，当人人都养成良好习惯的时候，内心就可和谐，与社会就可和谐，和谐的社会生活就会实现。

35.习惯的特性塑造了人本身

习惯是一种顽强的巨大的力量，它可以主宰人生。

——论习惯与教育

1988年世界各国诺贝尔奖得主在巴黎聚会。有人问一位诺贝尔科学奖得主："您在哪所大学、哪个实验室学到了您认为是最主要的东西呢？"

这位白发苍苍的老学者回答道："是幼儿园。""在幼儿园能学到什么东西呢？""把自己的东西分一半给小伙伴们，不是自己的东西不要，东西放整齐，吃饭前要洗手，做错事要表示道歉，午饭后安安静静地休息，要观察周围的大自然……"

这个故事给了我们很大的启发：这位诺贝尔科学奖得主将他在科学上取得的伟大成绩归结于从幼儿园获得的好习惯，这就告诉我们，好的习惯培养能够帮助我们实现人生的辉煌价值，那么我们不禁要问，为什么习惯有这么大的力量？

人类在长期的社会生活中，逐渐形成了一种稳固的思维和行为定式、一种相对稳定的思维和行为的倾向，这种定式，这种倾向，就是我们所说的习惯。在最初，习惯是由人类养成、塑造的；而一旦习惯被养成，被塑造成型，它就会在人的头脑中形成一种自动化的程序，占据人的潜意识，"翻身农奴把歌唱"，开始成为人类的"主人"，使得人类在不知不觉中反过来被习惯影响、改变。

下面我们不妨来看看习惯的各种特性：

1.自然

俗话说"习惯成自然"，意思就是一种思维或行为一旦形成习惯，就成了自然而然的思维和行为，人们在如此思考或行动时，往往不用经过脑海，能

够立刻作出判断并付诸行动。只有自然、自动去做的事，才叫习惯。例如，我们小时候每天被父母督促着刷牙，这是一种在他人提醒、监督下而被动发生的行为，并非习惯。真正的刷牙习惯养成后，到了刷牙的时间，会不用思考或犹豫，直接行动，不刷牙反而浑身不自在，这才是真正的习惯。

2.简单

看起来，习惯对于我们的影响巨大而难以抗拒，其实，从本质上来讲，习惯是一种很简单而基本的思维和行为。它之所以能够对我们造成影响，是因为我们在很多时候难以将一件简单而细小的事坚持下去。如坚持每天跑步，坚持每天阅读，这些事情看上去都非常简单，也并不是什么经天纬地的大事，但只要我们持之以恒，这些简单的小事，也会发挥出巨大的能量。

3.坚持

俗话说：“冰冻三尺，非一日之寒。”任何习惯的形成，都非一朝一夕之功。只有我们长期地进行一种思维或行为的锻炼后，才能将量变积累为质变。不断地获取知识，才有可能将相应的知识转化为我们应对生活的智慧；长久地联系一种技艺，才能将这种技艺转化为我们熟能生巧、自然而然的习惯动作。篮球神射手那精湛的三分球技术，就是依靠长期的艰苦训练，他们不断重复正确、精准的投篮动作，让肌肉形成记忆，才能在瞬息万变的赛场上不经思考就投出一记完美的三分球。这种肌肉记忆的形成，就是对于习惯养成的最好诠释。

4.后天

如果说人的相貌、智力、体质等因素会受到先天条件的影响，那么习惯就完全是后天形成的。在出生后，人们依据后天的成长、生活环境，逐渐塑造出一系列各自的习惯，形成一种条件反射。有些习惯是自然而然形成的，如赖床、贪吃；有些习惯则需要我们经过不断的练习才能培养出来，如早睡早起、定时定量的饮食。因此，为了习惯能够对我们的工作、生活、学习带来积极影响，我们应当从小或尽早培养出良好、健康的习惯。

5.可塑

虽然说习惯一旦养成，便自然而然、很难改变，但这绝不是说习惯就是不能改变的。不管多么根深蒂固的习惯，只要我们有意去更改，坚持去训练，就能取得一定的成效。而这一切，都需要我们首先有自觉上进的意识，更需要我们有顽强的斗志。

6.两面

任何事情都具有其两面性，习惯也无出其囿。有好习惯自然有坏习惯，有需要刻意培养、保持的习惯，也自然有需要刻意改掉、抵制的习惯。人生而懒惰，生而贪嗜，因为这种天性，人们在很多诱惑面前，往往会不自觉地养成一些有害身心健康的不良习惯。而对于那些于长久发展有利，却无法满足人们惰性与贪欲的思维和行为，人们往往难以坚持，半途而废。鉴于此，我们应当自觉形成积极向上的人生观、价值观，主动甚至强迫自己向那些良好的习惯靠拢，对那些只能带来一时欢愉却后患无穷的不良习惯说“不”。

7.情境

习惯的表现，有时具有一定的情境性。人们根据不同的环境，会表现出不同的行为。例如，有的人在公司正襟危坐、一丝不苟，一旦回到家中，就懒散懈怠，随意邋遢。这种现象的产生，就是因为习惯受到情境的影响。

人是被习惯塑造出来的，一个人的个性，实际上就是自身习惯的总和。所以，作为人自身生命的一部分，习惯具有强大的力量，尤其是那些良好的习惯，能够为人生注入强劲的动力，使生命更精彩。

36.习惯具有强大的力量

习惯在人的精神和肉体两方面的力量，例子可以举出很多来。

——论习惯与教育

人们通常把习惯分成好习惯和坏习惯两大类，而这两类习惯都具有巨大的力量，就像钉子能够把坚硬的木料穿透。如果一个人的生活被好习惯主宰，那么他的生命中就会充满积极进取的正能量，从而推动他向着更高的目标迈进；而如果他被坏习惯所俘虏，那么就会从成功的宝座上跌下来，这是多么惨痛的教训。

保罗·盖蒂1892年出生于美国明尼苏达州，在当时所有的富豪中他是最特立独行的一位，他所受过的教育最高、做人处事和个人哲学也最有深度，但即使是这样的一个人，也差点被坏习惯的力量打败。

在一次去法国度假的途中，盖蒂在一个小旅馆投宿，这天晚上下起了大雨，地面特别泥泞，开了好几个钟头的车之后，盖蒂实在是累极了，吃过晚饭，他就回到自己的房间休息。但是清晨时分盖蒂突然醒了过来，他很想抽支烟，于是他就打开了灯，很自然地伸手去摸他一般都会放在床头的烟，但是没有，他下了床，到衣服的口袋里去找，也没有，于是他又在行李袋里找，结果他又一次失望了。他知道这个时候旅馆的酒吧和餐厅早就关门，他想，这个时候把不耐烦的门房叫过来，实在是不可能，现在他唯一能得到香烟的方法就是穿好衣服，到火车站去，但是那还在6条街之外呢。

看来情形并不乐观，外面还下着雨，他的汽车也停在离旅馆还有一段距离的车房里。而且在他住店的时候，别人也提醒过他了，车房的门是午夜关，第二天早上6点才开门，现在能叫到出租车的概也相当于零。

显然，要是他真的迫切地需要一支烟，那么他只能在雨里走到黑暗中，

抽烟的欲望不断地折磨着他。于是，他下了床，脱下睡衣，穿好衣服，准备出去，正在他伸手拿雨衣的时候，他突然笑了起来，笑自己傻，他突然觉得，自己的行为多么荒唐可笑。

盖蒂站在那里，心里不停地想着，一个所谓的知识分子，一个商人，一个认为自己有足够的智慧可以对别人下命令的人，居然在三更半夜要离开舒适的旅馆，冒着大雨走上好几条街去买香烟。

盖蒂也是生平第一次注意到，他养成了一个坏习惯，那就是为了一个不好的习惯，他可以放弃极大的舒适。看来，这个习惯对他并没有什么好处，于是，他的头脑立刻就清醒了过来，并很快做出了决定。盖蒂走到桌子旁边，把那个烟盒团起来扔出去，然后重新换上睡衣，回到舒服的床上，心里怀着一种解脱，甚至是一种胜利的感觉，很满足地关上灯，合上了眼睛。在窗外的雨声里，他进入了一个从来没有过的深沉的睡眠，自从那个晚上之后，他再也没抽过一根烟，也再没有想过要抽烟。

盖蒂说，他并不是想用这件事来指责那些有抽烟习惯的人，但是他经常回忆那天晚上的情形，他只是为了表示，按照他当时的情况，他差点被自己的坏习惯打败。

威廉·詹姆士曾说："播下一种行为，收获一种习惯；播下一种习惯，收获一种性格；播下一种性格，收获一种命运。"习惯的力量是强大的，它就像涓涓细流，在不知不觉中塑造着一个人的性格，推动一个人完成先前所不曾预料的事情，进而决定着他的命运。

一个想成功的人，必须知道习惯的力量是相当大的。有些人会说，养成好习惯很难，但是一个坏习惯却在不知不觉中就已经形成了。但是，事实并非如此，我们必须了解，要养成好习惯，必须一直努力地去做，同时要警惕那些可能会破坏他的好习惯的恶习，还要赶紧养成对自己的追求有帮助的好习惯。

37.习惯养成的方法

人们的思想多是依从着他们的愿望的，他们的谈论和言语多是依从着他们的学问和从外面得来的见解的；但是他们的行为却是随着他们平日的习惯的。

——论习惯与教育

有一位禅师，带领一帮弟子来到一片草地上。他问弟子们，怎么可以除掉草地上的杂草。弟子们想了各种办法，拔、铲、挖，等等。但禅师说，这都不是最佳办法。因为“野火烧不尽，春风吹又生”。什么才是最好的办法呢？禅师说：明年你们就知道了。

到了第二年，弟子再回来发现，这片草地长出了成片的粮食，再也看不见原来的杂草。弟子们才明白最好的办法原来是在草地上种粮食。

这是禅师的智慧——在同样的土地上种植有益的粮食，从而用粮食根除了杂草，那么我们在培养习惯时，是否可从禅师那里领悟借鉴呢？当人们好的习惯多了，坏习惯自然就会少了。那么我们如果用对了方法，就可以养成好的习惯，从而根除坏的习惯。

习惯的养成，并非一朝一夕之事；而要想改正某种不良习惯，也常常需要一段时间。根据专家的研究发现，21天以上的重复会形成习惯，90天的重复会形成稳定的习惯。所以一个观念如果被别人或者是自己验证了21次以上，它一定会变成你的信念。习惯的形成大致分成三个阶段：

第一个阶段是1～7天，这个阶段的特征是“刻意，不自然”。你需要十分刻意地提醒自己去改变，而你也会觉得有些不自然，不舒服。

第二个阶段是7～21天，这一阶段的特征是“刻意，自然”，你已经觉得比较自然，比较舒服了，但是一不留意，你还会恢复到从前，因此，你还需要刻意地提醒自己改变。

第三个阶段是21～90天，这个阶段的特征是“不经意，自然”，其实这就是习惯，这一阶段被称为“习惯性的稳定期”。一旦跨入这个阶段，你就已经完成了自我改造，这个习惯已成为你生命中的一个有机组成部分，它会自然而然地不停为你“效劳”。

人们日常活动的90%源自于习惯，只有主动去改变潜意识，我们的生活才有可能发生改变，否则，我们只会继续那种我们以往一点一滴构筑起来的生活方式。改变不是大而空的口号，除非你从每天都做的一些事情入手，否则，我们的生活只能一如既往。以下几个步骤能够帮助你养成好习惯，成功的秘密就隐藏在你的日常行为中。

1.自我评估

我现在是什么样的人？我希望成为什么样的人？你的哪些习惯在阻碍你进步？你注意过它们吗？我们培养好习惯和构建富有成效的日常行为规律的第一个步骤便是自我评估。首先，你必须确切知道你希望培养的好习惯，以及你亟须改掉的坏习惯究竟是什么。

2.替换习惯

当你列出了一些自己的好习惯，不妨再一一列出自己的不良习惯，然后逐渐让好习惯取代你自己清单中的每一项“恶习”。习惯不可能根除，只能够被替换。换句话说，你只能够替换、而不是抹去一个坏习惯，二者之间的区别很重要。因此，我们在着手改掉坏习惯之前，必须仔细地思考究竟应该选取哪些好习惯来替换它们。

3.养成习惯

每天都尝试去做一点儿你原本不喜欢的事吧，就当成是对自己的磨炼，这样你便不会为那些真正需要你完成的义务而感到痛苦，这就是养成自觉习惯的黄金定律。

4.心理预演

当你注意到自己的坏习惯并确认它发生的具体时间时，就是你改掉这一坏

习惯所迈出的第一步。那么，你的下一个步骤则是，确认自己希望用来取代这一负面习惯的正面习惯是什么。一旦坏习惯以及坏习惯发生的场合得以确定，并且具体确定了自己今后究竟应该如何应对类似的场合，你下面要做的，便是心理预演的工作了。

在内心预演自己将如何应对特殊场合，对于改掉坏习惯来说至关重要。匹兹堡大学和卡耐基·梅隆大学的研究人员发现，如果我们在执行任务的时候，事先在内心对理想结果进行过预演的话，那么，我们的额叶大脑皮层——大脑的一个部分——将被全面调动起来，极大地激发我们去积极地行动。心理预演越充分，任务执行情况就会越好。

5.改变习惯最重要的时刻

（1）早晨。

你每天早晨的想法将决定你一整天的表现，如果你有目的地在每一天的早晨设定好一天中自己希望的行为模式，那么，这意味着你向着自己希望的生活迈出了重要的一步，如何度过每一天的早晨，正是我们自我检验控制能力的试剂。

（2）晚上。

在心中默默整理和评价一下自己一天中完成的事情，并规划好自己第二天应该做的事情，对于第二天早晨是否能够正确做好计划，以及是否能够拥有一个良好的开端至关重要。制订一天的计划，并坚持执行计划，将让你的工作变得效率更高、成绩更大。如果每一天你都无法完成自己希望完成的事情，那么你应该反躬自问一下，症结或许就在于缺乏计划。

6.用笔记下前进的脚步

记录的过程中，我们头脑中的抽象思维需要转变成具体的书面语言——这一过程让我们的计划和具体实施方法变得更加详尽、更加现实。书面记录自己的计划还将因为它具有很强的确定性，而显示出更大的威力。

7.坚持一个月

30天已经足够让你培养一个永久不变的好习惯了，时间太短则不能根植到你的大脑内，形成长久的习惯。若坚持时间很长但仍然失败往往是由于失败的策略，因为这时候时间的长短并不再是决定性因素。

8.小错误要好于大错误

如果你有几天空缺了习惯培养，千万不要放弃，赶快改正就是了，犯小错误比犯个大错误好多了。你并不需要自责，如果你偷睡了一会儿，那就当作是前几天努力坚持习惯的小小奖励吧。

正所谓事如其人，你每天做的事情就决定了你自己是什么样的人，不论你是变好还是变坏，抑或什么也没有变，都是你日复一日的行动决定的，可见我们的日常习惯真的很重要。

38.改变毁掉人生的坏习惯

天性的力量和言语的动人，若无习惯的增援，都是不可靠的。

——论习惯与教育

习惯有有益于人的，也有有害于人的，有些习惯能帮助人解决生活中的种种困难，而有些习惯则会使人过于刻板、触犯法律，甚至导致失败、损害身体。虽然养成一个好的习惯是很不容易的，但比之更难的则是改掉一个坏习惯，我们每天高达90%的行为是出自习惯的支配。可以说，几乎是每一天，我们所做的每一件事，都是习惯使然。你不要对改掉坏习惯这一点既向往不已，又心存疑惑，生活里要改进的地方很多，只要你做了，就会达到目的。诚如奥

利弗·克伦威尔于17世纪初曾经说过："不求自我提醒的人，到最后只会落得退化的命运。"这样的追求是永远都不该停止的。

培根在《论习惯》中告诫我们："人的思考取决于动机，语言取决于学问和知识，而他们的行为，则多半取决于习惯。"因此，如果你放纵自己养成了一个坏习惯，就必须给自己一段时间，来改掉你的坏习惯，如做事拖拉、不拘小节，甚至不守时、吸烟，等等，然后以更好的方式取而代之。

日本有一家食品公司要招聘一位卫生检测员，一位衣冠楚楚、气度不凡的年轻人自信地走进了总经理办公室，他优雅的谈吐、扎实的专业知识赢得了总经理的好感，没想到就在年轻人转身离开的时候，他下意识抠了一下鼻孔，这个不起眼的小动作并没有逃过总经理的眼睛，结果可想而知，一个没有良好卫生习惯的人怎么能够做卫生检测员呢？当然，年轻人到死也不会知道是他"抠鼻孔"的坏习惯毁了他的工作，使到手的饭碗落入了他人之手。

2003年1月18日下午1时46分，在武汉某高校研究生考点外，一考生被几个保安人员拦下，被告知超过了规定入场时间（1时45分），眼睁睁地失去了考试资格。该考生说，为了专心备考，他辞掉了网络公司的工作，牺牲了很多东西，到头来却因为这个缘故被拒之门外。在上海，也有考研生因为进不了考场而痛哭流涕，其中一位不断向老师苦苦哀求："我为今年考研已经准备了3年，我很有信心考上，老师给我一次机会吧。"

人们对于坏习惯的认知通常有一个误区——即认为坏习惯正如命运一样无法改变，因此有很多人并没有想过要改变它们，任由那些坏习惯把人们的美好人生毁掉。故事中应聘卫生检测员的年轻人因为"抠鼻孔"的坏习惯毁了他的工作机会，考生因为迟到而将三年的准备时光付诸流水，不得不说，坏习惯带来的影响是毁灭性的。虽然有很多迟钝的人不知道自己的缺点和坏习惯在哪里，但还是有相当一部分人很了解自己的问题出在哪里并因此而苦恼，事实上，坏习惯并不是不可改变的，习惯只是由于对某一方面过于熟练而形成的，如果我们从另一角度持续努力到熟练，那么习惯也就会随之改变。

有很多人总是认为，别人有很多好习惯，而自己一个都没有。其实，有这种想法本身就已经是一个糟糕的习惯了。如果你想破脑袋也难以想出自己的好习惯是什么，那么就不妨从自身的坏习惯开始发掘吧！在找到坏习惯以后，再逆着坏习惯行事，那么坏的也就会很容易变成好的了。

下列是会给人带来坏印象的坏习惯，请仔细比照这些坏习惯，找出你应该做出哪些改进。

○由于睡懒觉，经常导致上班或者约会迟到；

○只从自己的角度出发而得出结论，以至于经常后悔；

○今天的事拖到明天做；

○没有记便条的习惯，造成了约会或者工作出现遗漏；

○不常整理，总是乱七八糟的；

○报纸或者书籍看完以后不顾别人，随手乱放；

○说话的时候没有力气也没有自信；

○说话很幼稚；

○说话声音太大，在别人看来粗心大意、自以为是；

○凡事总喜欢辩解；

○喜欢打断别人的讲话；

○对方说得不对的时候就立刻纠正他；

○背着手走路或是抱着胳膊说话，给人很傲慢的感觉；

○和别人说话的时候不时地看表或者手机，表现得很忙或是很不耐烦的样子；

○对话的时候用力眨眼，或是拍打着对方笑着说话；

○对方说话时不看着对方而是只顾着做自己的事，或是看向别处；

○对话的时候转笔或者做小动作；

○喜欢抖腿或者扭腰；

○咬指甲；

○走路时，总是拖着鞋走，还发出难听的声音；

○在办公室或者公共场所将手机设置成铃声状态；

○在很多人一起吃饭的情况下，吃得太快或者太慢；

○与他人说话时，嘴里嚼着东西；

○即使肚子不很饿，也不分场合地急着填饱肚子。

在上述条目中，你的坏习惯有几条？你现在需要做的就是，记住你的坏习惯并加以改正。请记住：如果你不在乎自己的坏习惯是什么，那么也算是一个坏习惯。此外，不存在不能改正的习惯，因此，如果你想获得美好的人生，就必须果断地丢掉所有的坏习惯。

39.完美的习惯就是教育

习惯如果是在幼年就起始的，那就是最完美的习惯，这是一定的，这个我们叫作教育。教育其实是一种从早年就起始的习惯。

——论习惯与教育

习惯是一种长期形成的思维方式、处世态度，习惯是由一再重复的思想行为形成的，习惯具有很强的惯性，像转动的车轮一样，人们往往会不由自主地启用自己的习惯，不论是好习惯还是不好的习惯都是如此，由此可见习惯的力量能在不经意间影响人的一生。英国哲学家培根曾告诫我们：“习惯如果是在幼年就起始的，那就是最完美的习惯，这是一定的，这个我们叫作教育。教育其实是一种从早年就起始的习惯。”那我们该如何通过教育培养自己良好的习惯呢？

1.好习惯要在生活教育中培养

中国近代教育家陶行知先生认为，各种知识和技能学习最好在生活中进行，习惯培养更应该如此。他在《生活教育》一文中写道："生活教育是生活所原有，生活所自营，生活所必需的教育。教育的根本意义是生活之变化，生活无时不变，即生活无时不含有教育的意义。"

德国哲学家康德从小就在父亲的教育下养成了严谨的生活习惯。据说，他每天散步要经过镇上的喷泉，而每次他经过喷泉的时候，时间肯定指向上午七点。这种有条不紊的作风正是哲学家严密思维的根源。可见，良好的生活习惯对于一个人的成功起着积极的作用。

2.好习惯要在实践教育中培养

在实践中养成习惯，要不断身体力行，使习惯成自然。同是近代教育家的叶圣陶先生认为，要养成某种好习惯，就要随时随地加以注意，身体力行、躬行实践，才能"习惯成自然"，收到相当的效果。

现代控制论创始人、美国著名数学家维纳，在回忆父亲对他早期学习习惯的严格训练时说："代数对我来说没有什么困难，可父亲的教学方法，使我们精神不得安宁，每个错误都必须纠正。他对我无意中犯的错误，第一次是警告，是一声尖锐而响亮的'什么'，如果我不马上纠正，他会严厉地训斥我一顿，令我'再做一遍'。我曾遇到不止一个能干的人，可是他们到后来一事无成。因为这些人学习松懈，得不到严格纪律的约束。我从父亲那里得到的正是这种严厉的纪律训练。"父亲严格的训练，终于使维纳养成了良好的学习习惯，以后成为誉满全球的科学巨人。

3.好习惯要培养，坏习惯要纠正

对于我们来说，要注意培养自己的良好习惯，更要注意不要让自己养成不良的习惯。因为坏习惯一旦养成，就具有自然的驱动力和心理惯性，有时候就算没有外部条件，习惯行为也同样可以做出。许多人有时候知道自己有不良的习惯，但是往往控制不住自己而重复不良的习惯。

“人应该支配习惯，而绝不能让习惯支配人，一个人不能去掉他的坏习惯，那简直一文不值。”奥斯特洛夫斯基这句名言告诉我们，习惯既然能够决定命运，可是好习惯并非自然而成的，自然而成的常常是懒惰、生活无规律等坏习惯，所以我们不能被坏习惯支配，我们要通过自我控制来培养好习惯。

人们为什么要通过教育来培养好习惯：好习惯一旦形成，它就极具稳定性，一般来说，心理上的行为习惯左右着我们的思维方式，决定我们的待人接物；生理上的行为习惯左右着我们的行为发生，决定我们的生活起居。可见，好的习惯是十分重要的，它可以让人的一生发生重大变化。满身恶习的人，是成不了大气候的，唯有拥有好习惯的人，才能实现自己的远大目标。

40.以德报怨是最好的复仇方式

过去的已经过去，且一去不返，而聪明人总是努力着眼于现在和将来的事情，所以对过去耿耿于怀者无非是在捉弄自己罢了。

——论复仇

“复仇乃一种原始的公道，人之天性越是爱讨这种公道，法律就越是应该将其铲除；因为首先犯罪者只是触犯了法律，而对该罪犯以牙还牙则使法律失去了效用。”这是培根在《论复仇》一文中对“复仇”这一行为的解析。一开篇，他就用几句十分有力的话阐明复仇在法律上的概念，初次要读懂它不是那么容易，但看得久了，就会如品百年佳酿一般，体味出丝丝醇香，耐人深深寻味。

《论复仇》全文围绕着“宽恕他人之过失乃宽恕者之荣耀”展开了论证：

“过去的已经过去，且一去不返，而聪明人总是努力着眼于现在和将来的事情，所以对过去耿耿于怀者无非是在捉弄自己罢了。”培根用简练的语言为我们阐述了一个深刻的道理——聪明人不会选择活在仇恨中，这无疑是深刻的人生哲理。随后培根又从复仇者的角度入手，对他们的报复行为给予了否定，并给出了一种雍容大度的复仇方式即“以德报怨”。“毋庸置疑，念念不忘复仇者只会使自己的创伤新鲜如初，而那创伤本来是可以愈合的。”是啊，复仇后看似复仇者得到了快意，可真正留下的是永远也无法抹去的疮疤，那何不宽容他人的错误，把仇恨当作上帝的赐福呢？否则，复仇者将会过无比阴暗的生活。

魏国边境靠近楚国的地方有一个小县，一个叫宋就的大夫被派往这个小县去做县令。

两国交界的地方住着两国的村民，村民们都喜欢种瓜。这一年春天，两国的边民又都种下了瓜种。

不巧这年春天，天气比较干旱，由于缺水，瓜苗长得很慢。魏国的一些村民担心这样旱下去会影响收成，就组织一些人，每天晚上到地里挑水浇瓜。连续浇了几天，魏国村民的瓜苗长势明显好起来，比楚国村民种的瓜苗要高不少。

楚国的村民一看到魏国村民种的瓜长得又快又好，非常嫉妒，有些人晚间便偷偷潜到魏国村民的瓜地里去踩瓜秧。魏国村民发现后，非常生气，也要去踩楚国的瓜秧。宋县令忙请村民们消消气，让他们都坐下，然后对他们说：“我看，你们最好不要去踩他们的瓜秧。”

村民们气愤已极，哪里听得进去，纷纷嚷道：“难道我们怕他们不成，为什么让他们如此欺负我们？”

宋县令摇摇头，耐心地说：“如果你们一定要去报复，最多解解心头之恨，可是以后呢？他们也不会善罢甘休，如此下去，双方互相破坏，谁都不会得到的一个瓜的收获。”

村民们皱紧眉头问："那我们该怎么办呢？"

宋县令说："你们每天晚上去帮他们浇地，结果怎样，你们自己就会看到。"

村民们只好按宋县令的意思去做，楚国的村民发现魏国村民不但不记恨，反倒天天帮他们浇瓜，惭愧得无地自容。

这件事后来被楚国边境的县令知道了，便将此事上报楚王。楚王原本对魏国虎视眈眈，听了此事，深受触动，甚觉不安，于是主动与魏国和好，并送去很多礼物，对魏国有如此好的官员和国民表示赞赏。

魏王见宋县令为两国的友好往来立了功，也下令重重地赏赐他和他的百姓。

"以牙还牙，以眼还眼"可能是有史以来大多数人对待对手最容易采取的手段和方式了，古往今来，在漫漫的历史长河中，人类演绎了太多的冤冤相报和世代为仇的历史悲剧。回望历史，冤冤相报给人类造成太多痛苦和悲剧，留下无数遗恨和灾难。诚然，许多悲剧性事件的发生具有复杂的原因，但争端无不起源于双方的互不相让和复仇不息。

复仇，在某种情况下甚至成为了复仇者生存的信念，复仇者的人生是扭曲的，心灵是狭隘的。复仇后，他们不仅不会得到快乐与安乐，反而会加深痛苦，沉入一个不见天日的深潭。既然复仇是如此痛苦的，那何不放下仇恨，用海纳百川的度量宽恕他人的过失，让自己的创伤愈合，过平静的生活呢？

如果人们在面对仇恨时能够平和心态，宽以待人，能够放弃不必要的争斗，以德报怨，许多悲剧是可以避免的，甚至历史可能会呈现一种别样的美丽，就像楚魏两国，在宋县令的以德报怨下，两国从一开始的互不相让，到后来的睦邻友好，这是一个多么完美的结果，但愿复仇者可以明白这个道理，让我们的世界少一些辛酸泪，多一些幸福声。

41.法律会给人们伸张正义

复仇是一种野生的裁判，人类的天性越是向着它，法律就越应当耘除它，因为头一个罪恶不过是触犯了法律；可是报复这件罪恶的举动却把法律的位子夺了。

——论复仇

复仇是人的一种本能，尽管掺杂着不理智的因素但仍是对正义的矫正主义，所以在人类社会早期才会有《汉谟拉比法典》中同态复仇的原则，欠债还钱，杀人偿命，以牙还牙，都显示出法律对人这种本能的一种承认。那时候复仇靠的是私力威慑，私人惩罚，随着社会的发展，法律开始代替复仇，只是法律从某种意义上也是一种复仇。法律通过伤害罪犯来帮助受害者实现复仇，不过法律对于私人复仇是基本排斥的。我们知道，法律是通过公权实现复仇，而私人复仇是通过私力，两者相对峙，私人复仇对于法律的公信力，权威性都有损害。于是一代哲学伟人培根说："复仇是一种野生的裁判。人类天性越是向着它，法律就越应当耘除它。因为头一个罪恶不过是触犯了法律；可是报复这件罪恶的举动却把法律的位子夺了。"

《基督山伯爵》叙述的是一个复仇的故事：19岁的爱德蒙·唐泰斯，是个活力四射的年轻水手。他有慈爱的父亲、甜蜜的爱人，有光辉的前程、幸福的生活。善良乐观的天性，使得他对周遭的每个人都以礼相待，并且真挚热情。他清澈明亮的目光里，写满对未来幸福生活的期待与神往。可就在他的结婚典礼上，他遭人陷害而被投入大牢，一时间失去了一切，伴随他的只有伊夫堡阴森地牢里的黑暗及精神和肉体对他的双重折磨。可与此同时，有人正把快乐建筑在他的痛苦之上：他们害死了唐泰斯的父亲，夺走了他的爱人。

在唐泰斯最无助绝望想要自杀的时候，法里亚神甫走入了他的生活，神甫

把自己一生的知识传授给他，告诉他基督山岛宝藏的所在，并帮他成功越狱。此时，唐泰斯入狱已有十四年，十四年里，物是人非，唐泰斯也由一个懵懂青涩的青年变成一个家资巨万的伯爵，他开始报恩亦开始复仇。

昔日的船主莫雷尔有恩于他，伯爵首先把这位濒临破产的好人从绝望的路上救了回来。此后又始终照顾他的儿女，直至最后把基督山岛的宝窟送给他们。对唐格拉尔、费尔南和维尔福三个分别代表法国七月波旁王朝金融界、政界和司法界显要人物的仇人，基督山伯爵个个击破，最后，这三个人破产的破产、自杀的自杀、发疯的发疯，都得到了应有的报应。

复仇在文学作品中得到如此广泛、持久的表现，其中必定有其深厚的人性基础和复杂的社会根源。关于人们对待复仇的态度，后世争论一直连绵不断，明朝的丘睿曾对此做了系统总结：他首先肯定了复仇，他认为，“复仇之义，所以使人知杀者必报而不敢相戕害，非但畏公法，亦畏私义；非但念天理，亦念人情也。然而王法虽公，刑官虽明，而无告诉者，则其冤不能上达。此圣人执其法于礼”。这表明含冤复仇具有一定的合理性。但是，如果对复仇不予控制，“苟杀者转相报复，焉用国法为哉”！这又会造成冤冤相报的恶果，不仅损害法律的权威，而且破坏了社会秩序。因此，他主张实行有限制的复仇，即利用公正的法律来复仇。

复仇、特别是制度化的复仇其实是一种文明、理性的产物；在一定的历史条件下，人类的文明、理性越发达，复仇会越残酷；尽管今天复仇已大大减少，但这种变化与狭义的文明无关，最主要应归功于社会经济、政治条件的结构性变迁，但是我们不能低估人的复仇本能，因为它是很难被改造的。

复仇作为一种古老的习惯，其产生到发展，从盛行到衰退，都将人类文明浓缩成一个个片段和剪影。在其不断发展与纠结的背后，是礼义与公法的矛盾、忠孝与节义之间价值选择的矛盾，更是中国原始社会、封建社会情法冲突的矛盾。在现代中国，伦常讲究虽不如古时深厚，抑或是在相当程度上已经相对淡漠，但复仇心理和复仇主义却仍然存在，同样，伴随其始终的法律也依然

存在，可以说，法律已经取代了复仇行为，因为它的公正严明，将为人们伸张正义。

42.宽恕他人可化解一切仇恨

无疑地，复了仇不过使一个人和他的仇人得平而已，但若置而不较，他就比他的仇人高出一等了；因为宽宥仇敌是君王的气概也。

——论复仇

所谓宽恕是宽容和饶恕的意思，它代表了谅解，也代表了一种力量，它使人产生强大的凝聚力和感染力，使人愿意团结在你的周围；宽恕是一缕阳光，化解干戈冲突仇恨斗争；宽恕是一种品德，以宽厚仁爱之心待人，会获得别人的宽容信任爱戴和帮助；宽恕是一根灵验的魔术棒，它可以改善自己与社会的关系，使人与人之间融合在一起。

在我们日常的学习和生活中，难免会与他人之间有一些小冲突，但“人非圣贤，孰能无过”。当别人犯了错误或有意无意冒犯我们时，我们应该“得饶人处且饶人”，给予他们理解、关怀和帮助，帮助他们改过自新，那么世界上便会少了一份怨恨、斗争和陷害，多了一对真心的朋友，同时，懂得宽恕别人的人，也同样会受到别人的尊敬、宽容、关怀与帮助。

这是一个出自《提前撰写的自传》的真实故事：一位苏联妇女面对着杀害自己亲人的德国战俘仍满怀着宽恕之心，拿了一块面包给他们当中最弱的一位战俘，所有的战俘都感激得下跪道谢。这一举动带动了所有在场的苏联人，他们暂时放下了仇恨，把食物塞给曾经是敌人的战俘。

这位妇女的举动是如此微不足道，但却感动了全场人们，在这当中让人体会到一种强烈的力量——宽恕。从这个故事中，我们可以知道，包容的性格，博大的胸怀，对于一个人而言很可贵，纷乱复杂的社会，正由于宽恕之心的处处存在才使得人和事和谐。而另一个故事就给我们做出了反面的示范：

在一个人山人海的市场里，一位摊主正忙于整理蔬菜，不小心把一棵菜掉在地上，与此同时有一位市民正朝这边走过来，因为没有留意，所以把那一棵菜给踩烂了，那摊主愤怒地骂市民的不是，而那位市民觉得自己很无辜，便也出言回击，直到最后只好出动民警才平熄了这一事件。

其实这本是一件鸡毛蒜皮的事，然而那位摊主与市民相对于那位富有宽恕之心的苏联妇女，他们却显得那么愚昧。他们缺乏一颗宽恕之心，如果一方宽容一点也许这一场纠纷就不会发生，更不会因此而破坏了社会的和谐。

提到仇恨，总是让人感到十分可悲，仇恨往往使人的心理发生扭曲，很多人为了复仇，整天生活在仇恨中。这样的人有多么痛苦，这又是何必呢？在现实生活中，我们每个人都是由一半天使一半恶魔组成的。天使就是每一个人都有宽恕别人的可能，而魔鬼就是每一个人都有复仇的可能，如果我们能够选择宽恕他人，那我们的生活就不会总是处在地狱之中，与恶魔为伴了。

有一些人认为：宽恕仇人是懦夫的行为，此仇不报非君子。这样的人通常是非常有心计的，他会想方设法地掩饰自己的心理活动。其实，这样的人的内心最阴险，为了报复对方不惜采取任何手段。这样的人往往是喜怒不形于色，又有着极端的忍耐心，和这样的人交往，我们的心里总是不寒而栗，因为这样的人为了达到个人目的，什么人都能为他所用，什么人都可以除掉。

还有一些人认为：人与人之间，不愉快的事情经常发生，要学会宽容别人。培根曾在《论复仇》一文中指出“无疑地，复了仇不过使一个人和他的仇人得平而已，但若置而不较，他就比他的仇人高出一等了；因为宽宥仇敌是君王的气概也”。这是在告诉我们，世间上不可能没有仇恨，也不可能存在不可化解的仇恨，因为宽恕是伟大的，就像那位苏联妇女面对着杀害自己亲人的敌

人战俘仍然给他们食物一样——宽恕可化解一切仇恨。

宽容和宽恕是两个不同的概念：宽容的对象往往很具体，宽容又是有一定的限度和原则性；而宽恕的对象往往是宽泛的，是没有限度和原则性的。很多人都容易做到宽容别人，但是，并非每一个人都能做到宽恕别人，因为宽恕要比宽容的境界高得多。

宽容别人其实也是在宽容自己，给别人的处境留下一个“台阶”，别人也许终身都感谢你，同时我们也给自己卸下一个仇恨的担子，也不失为一生中的幸福。既然宽容能够创造如此和谐的气氛，我们又何必要将嫉妒和仇恨压在心底呢，学会宽容别人吧，这实际上也是在宽容自己！

我们要相信：只要人人都有着一颗宽恕的心，那么，人与人之间就不会有仇恨，人与人之间的关系将会更加地和谐，我们这个社会也将会更加地和谐。

43.勇敢与懦弱并不像你所以为的那样简单

勇气不过是无识与卑贱的产儿。

——论勇

人人都希望自己勇敢，因为勇敢是光荣的，没有人愿意当懦夫，因为大家都认为懦弱是耻辱的。一旦涉及荣辱，涉及尊严，谁能不计较？这种计较甚至会超过对利益的争夺。然而勇敢与懦弱并不像你所以为的那样简单。

勇敢与懦弱不是简单的气质问题，韩信曾忍受“胯下之辱”，在当时所有人都认为他是懦弱可欺的，然而当他统领三军时，还有哪个敢说他懦弱？好勇斗狠并不是真正的勇敢，“胯下之辱”也不是真正的懦弱，这是因道德评价的

不同而区别的真伪。可见，勇敢与懦弱的界定不光涉及面子或尊严，还涉及人生价值取向的问题。

培根说，“勇气不过是无识与卑贱的产儿”，这里所指的是最低级的“勇”：街头的好勇斗狠，战场上的勇敢冲杀，都属于这种。在环境氛围的鼓动之下，在他人的逼迫或者命令之下，为了面子或者为了活命，我们不得不表现出我们的勇敢。“‘这不能叫作勇气，’他疲倦地说道，‘打仗是跟香槟酒一样的。它能麻醉一个勇夫，同样也能麻醉一个懦夫。在战场上，是无论什么傻子都会勇敢起来的，因为不勇敢他就没有命。……’”这是《飘》中的一段话。这种血气之勇，古代称为匹夫之勇，对于一个人的人生，有血光之灾的风险，但随着年纪的增大，会渐趋于无。所以从人生价值上来说，只有血气之勇的一勇之夫是比不上具有其他勇敢的人的。

义愤之勇是出于某种道义而表现出来的勇敢，武松是个典型的例子：他为报杀兄之仇而斗杀西门庆，为打抱不平而醉打蒋门神，前者为亲，后者为人，都是出于道义，无论这种道义是为报兄养育之恩还是为报施恩的“高待”之恩。义愤之勇的后果对于个人的人生来说是可怕的，可能会伤害自己的身体，危及自己的生命，更可能会使自己成为“法外之人”或者说是“罪犯”；即使是“见义勇为”，也有这样的人生风险。

在生死攸关之际、荣辱攸关之际，尊严与身体健康、与生命存在哪一个重要？如果选择身体、生命，是否就一定是懦弱？抑或是“勇怯，势也”的“好汉不吃眼前亏”？必须指出，节义之勇，大多数的人不会面临这种人生选择，大多数的人也没有这种勇敢，没有也不一定就是懦弱；这种勇敢的人生风险也过大，所以没有普遍意义。即使对于“死节”，司马迁就说过：“勇者不必死节。”——他指的是勇敢不一定非得体现在“死节”上。他就是因“假令仆伏法受诛，若九牛亡一毛，与蝼蚁何以异？而世俗又不能与死节者次比，特以为智穷罪极，不能自免，卒就死耳。何也？素所自树立使然也。”才思“文采表于后世也”——这是成就之勇。

成功的价值观在任何时代都会受到普遍的推崇，但其社会道德与个人品德上的缺陷也显而易见；而成就之勇有普遍的个人意义，在现代社会尤其如此——因为重点的不同，成就之勇稍可避免成功价值观难免的不择手段、过度劳累等缺陷。

从心理学方面来讲，勇敢与懦弱是意志品质的问题，是意志的坚强与脆弱，只有从这个角度才能明白，什么是心理品质上真正的勇敢；但毅力或意志的坚强并不仅仅表现在勇敢上。勇敢与懦弱只体现在生死之际，或有生死之虞之际，或将严重危害身体健康之际，或将有肢体冲突之际。所以从人生哲学的角度讲，毅力、意志坚强、争强好胜、勇于进取、积极竞争斗争等不是勇敢，当然也不是懦弱。哲学概念的内涵与外延也必须确切，否则就是故弄玄虚。

可见，无论是血气之勇，还是节义之勇、成就之勇，做一个勇敢的人是多么难！懦弱与屈服倒是容易，可懦弱与屈服意味着耻辱。一个有血性的人，也许可以没什么荣誉，但也绝对不能有未经雪洗的耻辱。如果说节义之勇是高要求、血气之勇是不屑之事，那么成就之勇、意志的坚强与毅力，就是我们大多数人所应追求的了。

44.勇敢而大胆地前进，未来终会改变

大胆永远是盲目的；因为它是看不见危险和困难的。因此，大胆在议论中是不好的，在实行中是好的；所以勇夫的适当用途是永不要让他们统率一切，而应当让他们为副手，并听他人的指挥。

——论勇

如果一个小孩在动物园看老虎时，直接冲着老虎笼跑去，这会让家长吓出一身冷汗；而一个杂技团的演员将头伸进了老虎的嘴里，却会博得现场观众的阵阵掌声。这两者都是大胆的，但却又不尽相同：前者是盲目大胆，因为小孩不知道老虎的厉害；后者是艺高胆大，因为演员掌握了驯虎的规律。

关于“大胆”，似乎从来都是褒贬不一，而当“大胆”被无知引领而变得盲目时是十分危险的，曾几何时，南德集团的牟其中提出，要炸开喜马拉雅山以改变中国西部的自然条件，这是个十分大胆的想法，然而能做到吗？只是徒落笑柄罢了。

培根在《论勇》一文中，对“大胆”一词有十分深刻的见解：“这一点最值得考虑；就是大胆永远是盲目的；因为它是看不见危险和困难的。因此，大胆在议论中是不好的，在实行中是好的；所以勇夫的适当用途是永不要让他们统率一切，而应当让他们为副手，并听他人的指挥。”这是在告诉我们，做事大胆但不要无知，真正的勇敢都是靠实力，靠智慧的。

在南美亚马孙河畔密林里有一种灭火蛇，这种蛇灭火的本领令人惊叹。1892年，亚马孙河畔一侧发生了森林火灾，成千上万只灭火蛇赶来灭火，只见它们奋不顾身地冲进火海，以滚动身体的方式灭火。更值一提的是，它们在灭火的过程中，显得很有组织，也很有层次，当有一批蛇冲进火海时，另一批正在扑火的蛇便会快速地退下来，在没有火的地方休整……科学家解开了灭火蛇能灭火之谜。原来，这种蛇表皮能分泌一种黏液，起隔热作用，因此能在火海里停留较长时间，可它并不是无限制地停留，当它们身体分泌的黏液消耗殆尽，生命受到威胁的时候，它们便会休整等待身体再次分泌黏液，灭火蛇分批灭火其实就是这个道理。

沙特阿拉伯村庄里广泛分布着一种相貌极其丑陋的蛇，叫四鳗青。这种蛇无毒，但它很勇敢，每当有其他动物来袭时，它都会勇气十足地冲上去，虎视眈眈地与敌人对视，有些动物从未见过如此吓人的东西，往往都会仓皇地逃跑。当地居民了解了这种蛇的习性，便去捕捉这种蛇，然后精心地喂养，让它们越长越大。当家里没有人的时候，把蛇放出来看家护院，驱赶来吃羊的狼或是野狗。因此，它也被当地人称为看家蛇。可看家蛇的勇敢并不能完全地保护自己，翱翔在天空中的雄鹰根本不怕它，也看不清它的丑，一个俯冲下来，把它带到天空，然后再放下来，看家蛇就会摔得一命呜呼。

灭火蛇的勇敢告诉我们，勇敢的基础是有真正的本领，而勇敢的前提是要能保护好自己。而看家蛇的勇敢则告诉我们，勇气不等于勇敢，没有真正的本领做后盾，勇气发挥不了太大的作用。

我们不难发现，那些能够改变自己未来的人都是勇敢而大胆的，而你如果害羞、犹豫或者悲观，就很能变得一事无成而且不会达到自己的目标。因此，如果你想勇往直前，为自己创造美好的未来，这里有几种方法教你如何开始。

1.假装你是勇敢的

如果你认识一些勇敢的人，你可以想象他们遇到困难会怎么做，而当你要做这些的时候，可以到那些没人认识你的地方，这样那些陌生人就不会因为你做了不符常规的事而感到惊讶。通过这些行动，你也许会发现变得勇敢之后会发生多么惊人的事情，你可能会很坚定地将这种勇敢的行为融入你的日常生活中。

2.迈出第一步

当你感到犹豫时——特别是与人交流的时候，请自信一点迈出第一步。下班后问问你认识的人要不要去街边的酒吧喝点东西；告诉他们如果你买到了音乐会的两张门票，你希望他们跟你一起去；如果一个月前你做过什么过激的事情，那么现在请给人家一个认真的拥抱和诚恳的道歉。要知道，只有勇敢地迈出第一步，你才能有所改变。

3.做些无法预料的事

你做什么事足以让那些认识你的人惊讶呢？穿高跟鞋？高空跳伞？勇敢的人是不会害怕尝试新的事情的，你可以从小事做起，可以穿一些与平常不同款式和颜色的衣服，去一些你平常不会去的地方。最后，你可能会告诉人家一些

关于娱乐的新点子，当你提及这些的时候，会让别人大开眼界。

4.寻找你需要的

有些人认为索取等于贪婪、自私和无理——是的，如果你索取的是你不应该得到的东西，而是将应该属于别人的东西归为己有，那么确实是贪婪、自私和无理的，而拿回自己的东西就不在这个范畴内了。与其等待别人发现你的努力，或者期待别人发现你的需求，还不如自己去掌控和寻找。

5.尝试去冒险

从另一个方面来说，一个勇敢的人对风险有很强的意识，并且不论如何会想办法度过危险期，做好准备并自愿承担后果。

想想一名运动员每一天都在冒险。他们轻率吗？不，那是一种有计划的冒险。你也会错误地认为，我们都是这样的。但不行动可能也是一种错误，它会导致空虚与后悔。对于很多人来说，冒险与失败远比什么都没做过好得多。

45.“富养”孩子，方法比金钱更重要

父母者若对他们的子嗣在管理上严密，而在钱包上宽松，则其结果是最好的。

——论父母与子嗣

在如今贫富分化如此明显的社会里，很多父母把物质条件当成教养孩子的第一要素，似乎只要物质条件不输在起跑线上，孩子的人生就是完美而顺利的。但是，富人家的孩子天生就会比穷人家的孩子有出息吗？穷人家的孩子天生就比富人家的孩子经得住诱惑吗？这个问题谁也无法给出答案。其实，只要

翻开古今中外的历史，看看那些有作为的伟人或卓越者的故事我们就能知道，这并不是富养的结果，而是教养的方法不同使然。

美国劳工部前部长赵小兰女士是美国历史上第一位进入内阁的华裔，同时也是内阁中的第一位亚裔妇女。她的父亲赵锡成曾是美洲校友会董事长，现任美国福茂航运公司董事长兼总经理，是航运财经界的名人。赵家家境丰厚，但最令赵锡成骄傲的是他六个优秀的女儿。很多媒体都认为赵小兰那种不亢、不卑、带有适度的矜持与华裔尊荣的气质，来自她那特殊的家庭教育。是的，如果没有成功的家庭教育，很难有赵小兰今天的成就。赵氏家族将中国优秀传统与西方社会的管理方法结合的家庭教育方式，更被侨界推崇备至。

赵锡成的为父原则是“爱而不娇、严而不苛”。赵小兰曾表示：“我感谢我的父亲总是要求我做到最好，并为我的人生准备得如此美好。”

赵家虽然富裕，但孩子却多半进公立学校。每天早上闹钟一响孩子便自觉起床，由姐姐带头赶校车上学。孩子们在外的花费，不论大小，都要拿收据回家报账。赵小兰念大学时还向政府贷款，靠暑假打工还钱。但对孩子的学习，父母从不含糊：“你们要学东西，绝对不省，既然要学，就有责任学好！”赵小兰多才多艺，能打高尔夫球、骑马、溜冰、弹得一手好琴，都得益于她特殊的家庭教育。

赵家虽然有管家，但父母仍然要求孩子自己洗衣服、打扫房间，闲暇时，还要六个孩子分担家里的琐事。每天早晨上学之前，她们要检查自家游泳池的设备，捞掉脏东西。周末，则要把两英亩大小的院子里的杂草和蒲公英拔掉。赵家门前有120英尺车道的柏油路，是几个姐妹齐心合力铺成的。

每天晚餐之后，赵家极少开电视，母亲跟着孩子一起读书，父亲处理公务。他们每年安排两次全家的旅游，从选择地点、订旅馆房间，乃至吃饭的餐馆，完全由孩子负责。

每个星期天，午餐后的点心时间，则举行每周一次的家庭会议，每个孩子说自己新的想法、收获、提出计划，当人们惊讶赵家姐妹的纪律与服从意识

的时候，要知道那是经由亲子间充分沟通所获得的共识，如同她母亲所讲“家园！家园！这个园地是一家人的，每个人都有责任”！

“爱而不娇、严而不苛”，这是赵锡成为广大父母提供的独特和全面的教养方式，他深知孩子是一个独立的个体，是有着多种需要和丰富内心的小生命，他们不会突然成熟，但是却在不断成长，他们需要父母的帮助和教育，更需要自我体验许多人生的最初感觉。因此，赵锡成在孩子学习、生活的费用上从不吝啬，但在做人和做事的上却给予了孩子充分的锻炼空间，赵家的教导方式非常值得广大家长借鉴。

培根曾说：“父母者若对他们的子嗣在管理上严密，而在钱包上宽松，则其结果是最好的。”就是说让孩子衣食无忧，舍得为他的兴趣爱好付出金钱，但在管理孩子的方法上要注重细节，这样的结果才是最好的，这就是富养的好处。

家庭条件富裕了，父母就能让孩子的物质相对丰富些，但是父母给孩子花钱要考虑怎么花，花多少。给孩子买礼物和玩具，尽可能选择对孩子有意义，锻炼孩子的东西，例如一本寓意深刻的绘本，让孩子阅读后能够理解一些道理；一盒拼图，锻炼孩子的耐力和思考能力。

在我女儿9岁时，有一天我带她去玩具店给她买生日礼物。她看到一个“公主城堡”，喜欢极了，要我给她买。一到家，她就兴高采烈地打开盒子，接着就傻眼了：她本来期望得到一个美丽、有魔力的小城堡，就像在玩具店看到的那样，可没想到盒里装着一堆塑料片儿。女儿失望极了。

我说：“你不高兴买这个吗？”

“我想要那个城堡，这个不对。”

“哪里不对？这里有胶水，五个颜色的油彩，笔刷，还有说明书，不对吗？”

“这些都是小塑料片儿，不是那个美丽、安装好的、像盒子上照片里一样的城堡。”

“本来就是这样的，就是想让你把它们拼装起来，这是说明书，教你怎样把这些塑料片儿放在一起，用一点胶水，它们就组合在一起了。然后，你就可以往上面涂颜色，涂完了，你的城堡就像盒上的一样美了。”

女儿不可思议地说：“我自己弄？那怎么可能和盒子的照片一样美呢？”她无可奈何地开始安装，整整弄了几天才装上。刚开始的时候，她一边安装一边抱怨，时常弄错了还要我帮忙。慢慢地，她不抱怨了，兴致勃勃地安装起来。

城堡安装好后，女儿把它放在自己卧室最显眼的地方，也许这个城堡不像盒子上那么精致美丽，很多地方的油彩还涂到了外边，但它看起来仍然很美丽。女儿为此非常骄傲和兴奋，不单单是因为她有了一个有魔力的城堡，更是因为她自己创造了这个城堡。

故事中的家长为我们做了一个非常好的示范，诚然，安装这个城堡对女儿的意义比买一个现成的城堡大多了。如果是装好的城堡，女儿虽然能欣赏它，却没有学到什么。现在她的女儿不但装好了这个城堡，还锻炼了动手能力，这种方法对孩子的意义比一味地给孩子花钱买东西要重要得多。

46.“穷养”孩子具有深刻的内涵

父母在对儿女应给的银钱上吝啬是一种有害的错误；这使得他们卑贱；使他们学会取巧；使他们与下流人为伍；使他们到了富饶的时候容易贪欲无度。

——论父母与子嗣

21世纪，独生子女家庭已经屡见不鲜，或许是因为每家每户只有一个孩

子，父母和家中其他长辈就把孩子当作掌上明珠，对他们十分溺爱，导致现在的孩子毛病多多，父母又反过来抱怨自己的孩子这不是那不是，这样的恶性循环是我们大家都不愿看到的。怎样能从根源上解决这个问题呢？就需要各位家长尝试“穷养”孩子了。

对于每个孩子来说，无论是成长还是成熟，都需要自立自强，需要承担更多的责任，需要面对更大的困难，需要不懈地自我奋斗，可以说，成功人的成长和成熟是一个不断挑战自我艰苦奋斗的过程。也许，好多人认为“穷”养孩子，就是控制孩子的花销，不要给他太多的享受，以免惯坏他，这样的理解较为片面。所谓“穷养”，不是刻意追求“劳其筋骨，饿其体肤”，而是在物质上对孩子有所限制，让孩子懂得珍惜和奋斗；从小培养孩子自立和受挫的能力，让孩子懂得任何东西都是付出劳动才能得来。另外，也要培养孩子正确的心态，接受社会现实，别人拥有的物质财富，自己不要盲目攀比，关键是要用自己的知识和能力去创造这些财富。

香港特别行政区原行政长官董建华是世界船王董浩云的儿子。董浩云是香港屈指可数的大富豪之一，他对孩子要求十分严格，从不娇生惯养。董建华理解父亲的苦心，他读书时，过着十分简朴的生活，每天乘公交车往返于校园和住所之间，潜心于学业，从来不因为自己是船王的儿子就与众不同。董建华毕业以后，大家都认为董浩云会安排儿子到国外去深造，或是在家族企业中执掌大权，但让人吃惊的是，他竟然安排儿子进入了美国通用汽车公司当一名普通职员。他对儿子说：“小华，我不怀疑你是个有理想的人，但我担心你的刻苦精神不够，你不要想到自己有依靠，你必须自己主动去找苦吃，磨炼自己的意志，接受生活对你的种种挑战，并战胜它。”

董建华听从了父亲的话，在美国勤勤恳恳地干了四年，不仅学到了先进的管理经验，还学会了为人处世之道，培养了吃苦耐劳的精神，为今后的事业打下了坚实的基础。

由此可见，作为香港巨富的董浩云，深谙对孩子的“穷”养之道，也最终养育出了非常优秀的儿子。当然，我们这里所说的“穷”养孩子，并非是要孩子食不果腹，让孩子承受不必要的非人折磨和痛苦，这是非常极端的做法，很有可能会取得相反的效果。培根爵士在《论父母与子嗣》一文中曾指出这样做的恶果，他说：“父母在对儿女应给的银钱上吝啬是一种有害的错误；这使得他们卑贱；使他们学会取巧；使他们与下流人为伍；使他们到了富饶的时候容易贪欲无度。”因此，父母们在教养孩子时，应减少对孩子的娇生惯养、包办代替，让孩子从小多一些经历、多一些锻炼，培养他们坚韧、顽强的性格。概括起来，“穷”养孩子具有以下几点深刻的内涵：

“穷”养内涵一：让孩子过点“苦日子”。

优裕的物质生活和给孩子大量的金钱，是葬送孩子的第一杀手。有人戏称，孩子拥有大量的钱财，除了购回享乐、好逸恶劳、攀比之心外，还买回了囚车和监牢。诚然，家庭条件好了以后，父母愿意将更多的金钱用在子女的生活上，这本无可非议。然而金钱最好用在为孩子创造良好的学习环境和满足孩子的兴趣爱好上，如果一味地给予孩子奢侈的物质享受，没有教孩子学会控制和节俭，那么再富有的家庭也是经不起孩子的肆意挥霍的，为了孩子们能积极奋进，为了孩子们能养成勤俭节约的美德，家长们还是让他们过点“穷日子”为好。

“穷”养内涵二：让孩子真切地体验挫折感。

人们常用“温室里的花朵承受不了狂风暴雨的侵袭”来比喻那些娇生惯养的孩子，很多时候，父母的溺爱会促使孩子意志不坚强，心理承受力差，稍遇不顺心或挫折就走极端。如果父母不借用自己的物质条件与人际关系去帮助他，而仅仅让孩子依靠自己的能力去克服困难，会更加有利于孩子的成长。“穷养”的孩子会在生活中遇到一些或大或小的挫折，这有助于帮助他们积极面对遇到的困难，作为父母，就必须让孩子遭遇“挫折”并鼓励其克服它。

“穷”养内涵三：让孩子学会独立生活。

独立办事是人之必然，从孩子出生起，父母就不应该给孩子搞特殊待遇，

把他置于和同龄小朋友一样的普通的生活环境，在这种环境中成长的孩子，能更早地学会独立生活，从而更早地适应这个竞争激烈的社会。

“穷”养内涵四：让孩子适当受点委屈。

孩子必须要学会坚强，适当地受点委屈，就会对生活有更深刻的认识。孩子做错了事，家长给予适当的批评和惩罚是必要的，哪怕他受点委屈，也不乏是育人的一种策略，这样的孩子，领略过多种情感体验后，逆反心理少、心理承受力强、心理健康，易成大事。

“穷”养内涵五：让孩子学会承担责任。

被富养者大多过着衣来伸手、饭来张口的生活，他们认为家里的条件很好，不需要为家庭、为社会做什么了；而穷养的孩子不一样，他们本身拥有的物质财富并不多，必须通过自己的努力才能实现梦想。在追逐梦想的过程中，需要付出大量的心血，他们的责任感也逐渐增强。而敢于担当，不推卸责任，才使一个人更加富有魅力。

“穷”养内涵六：让孩子多点乐观和爱心。

乐观的心态和善良的爱心，是一个成熟优秀的人必备的品质。所以，父母要通过不同的方式方法引导孩子，擦去孩子心灵的污垢，消除孩子心中的自私，让孩子成长为一个乐观开朗、善良真诚的人。

每个父母都爱自己的孩子，但爱有“小爱”和“大爱”之分。那种一味地宠爱孩子的做法，就是“小爱”；而那种“穷”养孩子的做法，才是真正的“大爱”。大爱无疆，孩子只有在这种教育下，才能成长为健康快乐、优秀卓越的人。

古话说：“艰难困苦，玉汝于成”，孩子要成才，不回避“艰难困苦”，方能“玉汝于成”。让孩子过早地亲近“富”，远避“穷”，看似爱之，实则害之。所以，一定要让孩子在必要的“穷”和“苦”中得到锤炼，懂得以艰苦奋斗为荣，以骄奢淫逸为耻的道理。

47.勤勉与创新是创造财富的法宝

由普通的各种生意和职业得来的财富是诚实的，其增加的主要原因有二，一是勤勉，二是在交易上正直公平的好名誉。

——论财富

现如今，随着社会的不断发展，人们的经济水平不断提高，我们面对的商品市场也不断在扩大，商人要想获得财富，不仅要正直、勤勉，还要不断地创新。创新是体现在方方面面的，有新的生意种类，也有新的生意手法，即使在做同一种生意，只要你能开启思路，有所创新，你就能超过别人。反之，如果墨守成规或一味模仿他人，依靠不正当的生意手段，最终必会遭到失败。

赵波上班的第一天，新明菜场好像炸开了锅，沸沸扬扬的。菜贩们乐了："新来的菜贩，是个大学生呢！"

"菜头"王大力见了赵波有些不悦，因为赵波的母亲王婶以前是骑三轮车卖菜的，菜价便宜，人又老实，从不缺斤少两，抢去了王大力不少生意，现在，她和儿子一起来菜场卖，不是明摆着跟他抢生意吗？于是王大力联合其他菜贩，暗地里把菜价调低一毛钱，他宁可少赚点，也要把那对母子挤走。

不知这个消息怎么让赵波知道了，他气呼呼地来找王大力理论。王大力有些得意，说："天无绝人之路，这里的租金贵，你们可以继续骑着三轮车，做'游击队'嘛！到白领门口去卖，生意肯定好！"

赵波红着眼睛瞪着王大力，一字一顿地说："我知道你挤对我们娘俩，你听好了，我不仅不会走，而且，我要用生意来打败你。"

"哈！"王大力乐了，"就凭你？那我等着，如果我败了，没说的，我认输走人。如果你败了，那就赶紧滚蛋"！

王大力走后，赵波静下心来想：王大力卖菜的位置好，就在大门口，而且

地方大，要打败他困难重重，仅仅靠三轮车游走卖菜，根本不是办法。这时，菜贩老郑瞅了个空，走过来跟赵波说："大家伙儿商量过了，大忙我们帮不上你，但小忙能帮上，从此以后，我们不再跟着王大力降价了，菜价跟你们的一样。"赵波感激地看着老郑，老郑叹口气说："其实，把你们排挤走了对我们没有什么好处，但王大力走了，大家伙儿就能轻松点。这家伙卖菜手段不地道，缺斤短两不说，还给菜叶上喷新鲜剂，偏偏顾客不知道，反而认为他家的菜新鲜，都去买他家的，唉，那可都是害人的东西……"

赵波听了豁然开朗，一下子跑出了菜场，不一会儿，他屁股后面跟来了两个装修师傅，开始装修菜摊。

菜摊装修？这不是乱花钱嘛！王大力乐得眼睛都眯成一条缝了。

两个小时后，活儿干完了，只见赵波的菜摊被塑料墙纸独立隔开，墙纸外印着"赵家鲜菜"的字样，赵波和王婶穿起了统一的工作服，开始摆摊了。

"赵家鲜菜"的生意非常好，很多人来到菜场后，一眼就看见了赵家菜摊，直奔这里。王大力终于明白了：赵波这招厉害啊！这一装修，赵家菜摊醒目了，而且装修的店面让人觉得正规，自然里面卖的菜也让人放心。王大力当然不甘示弱，又狠心往下降低了菜价，想故技重施，招回一些顾客，可是几天过去了，他的生意依旧不见好转，这天，他拉住一个老客户推销。谁知对方很干脆地对他说："那家的菜干净，你的菜添加了新鲜剂，我可不要。你去看看人家的宣传，我宁可多花点钱，也要买放心菜。"

王大力被说蒙了，派儿子偷偷到赵家鲜菜那里侦察，一看，原来赵波做了个电子屏，上面滚动播放着"科普小知识"，比如：怎样挑选鲜菜，过于鲜艳的菜一般添加什么东西……

王大力只得无奈地收起新鲜剂，老实卖菜。

对于像赵波这种不走寻常路的商家来说，他们善于从逆向思维中寻求商机，善于以另辟蹊径的个性化经营方式吸引顾客。然而从另一个方面来说，千变万化的生意场上的创新，都是扎根于自古而来的做生意的基本原则：东西要价廉物美，店面要整洁干净，服务要热情周到，做事要正直本分，而这些正是培根所指出的创造财富的法宝。

现在很多朋友想创业、想快速赚钱、获得财富，但是却很茫然，很无助，不知所措，在这里可以根据以下几点建议，尝试一下。

（1）坚持不懈地学习。

这里所指的学习并不是像在学校里的教条式学习，而是更多方面的能力学习。平时可以多看一些书籍杂志；还可以在电视上多看财经新闻、营销辩论、经济管理讲座等，关注一下国家大事，经济走势。只有通过日积月累的积攒，才能在经商时厚积薄发。

（2）做正直的人。

想要创造财富，必须要学会做人。不能为了钱而出卖自己的人格，那些赚黑钱的人最后终会遭到法律制裁，而他们日思夜想的财富当然也就化成泡影，自己还要付出时间和钱来弥补。

（3）靠信息抢占先机。

商场是个机会均等的地方，在相同的条件之下，谁能捷足先登，抢占先机，先发制人，那么谁就能稳操胜券了。

（4）还有很重要的一点是很多人都会忽略的，那就是要学会充分地尊重自己的竞争对手。只有在有竞争对手的圈子里你才能不断做大做强。

48.敢于变通致大富

垄断与囤积那些不受限制的货物，为了高价出售——这是发财致富的重要手段，特别是当事人有先见之明，断定那些货物很可能畅销，因此事先全力

储备。

——论财富

有些人虽然是做小本生意，但是业务却蒸蒸日上，规模也翻了几倍，原因何在？这是因为他们没有满足于现状，而是不断观察商机，在适当的时候敢于变通，利用“人弃我取”的策略发现财富新的落点，继而扩大了经营规模，提高了利润。所以，要想掘得巨大的财富，机会固不可少，敢于变通的魄力也不可或缺。

“人弃我取，人取我与”是一个成语，来源于《史记·货殖列传》，“白圭乐观时变，故人弃我取，人取我与”，说的是战国的商人白圭创造的一种适应时节变化的经商致富办法，这个典故虽然久远，但是放在今天依然是一个善于变通而致大富的真理，英国哲学家培根也有相同的见解：“垄断与囤积那些不受限制的货物，为了高价出售”——这是发财致富的重要手段，特别是当事人有先见之明，断定那些货物很可能畅销，因此事先全力储备。

战国时代初期，魏国国君魏文侯任用李悝为相国，推行各种改革措施，以加强统治。李悝大刀阔斧地废除了贵族世袭当官的制度，代之以按照功劳和能力来选拔政府官员，还制定了一部《法经》，以削弱贵族们的特权。在经济方面，为了增加农作物产量，他推行了开发土地潜力，鼓励农耕的政策。

特别要指出的是，这些政策中有一项“平籴”法，即国家在丰收年成平价买进粮食，到灾荒年时以平价卖出，使粮价保特稳定。这一举措极大地促进了魏国政治和经济的发展，使它在不长的时间内成了战国初期的强国之一。这时有个名叫白圭的商人，他机灵地从李悝的“平籴”法得到启发，根据自己经商的经验和反复思考，想出了一条看似平常却很巧妙的致富谋利的成略：“人弃我取，人取我与。”

这一策略的核心在于：在别人都不要的时候我要，在别人要的时候我就给予。

白圭照这个策略，丰收时节农民们收获的粮食很多，大家都不缺粮，粮价随之便宜下来，就趁机大量买进粮食。与此同时，他抓紧卖出油漆和蚕丝等紧俏商品，因为这时不是割漆或收丝的季节，货源不足，物以稀为贵，价钱居高不下。反之，到了收丝或割漆时节，这些物品大量上市，价钱下跌，白圭便买进蚕丝和油漆，卖出价格上涨的粮食。

白圭按照这种“人弃我取”的原则，在一般人没注意到的一买一卖之间不断谋利，逐渐成了当时的富商。

“人弃我取”这一变通策略在今天看来似乎有点平常，然而，道理上的明白和在实际中不失时机地加以利用并因此而获得成功，完全是两回事，敢于运用和善于运用，仍需具备相当的胆魄。历史的和现代的经验告诉我们，要做到“人弃我取”，最重要的是要有自己的主见，不人云亦云，不随波逐流，不按常规去思考和行动。白圭高明于一般商人之处，正在于有他自己的主见，没有像一般商人那样在价低时大量抛售，在价高时屯积居奇，而是灵活机动地随时而变，把“常理”认为的不利因素转化成了为我所用的有利因素。

在有主见之外，我们还需要有眼光，善于抓住突破点和契机。不对主、客观条件进行分析，不善于抓住将不利因素转化为有利因素的时机，盲目地或刚愎自用地固守“人弃我取”，也可能招致惨败。试想，大家知道了白圭致富之道之后，群起仿效，白圭的办法还灵吗？这时只能采取其他办怯，才符合“人弃我取”的策略，况且，有时候人所弃之的东西，并不是都有利可图，不随机应变地运用这一策略，也会栽跟头。

49.节俭不是致富的最好方法

不要爱惜小钱；钱财是有翅膀的，有时它自己会飞去，有时你必须放它出去飞，好招引更多的钱财来。

——论财富

“勤俭节约”自古以来就是中华民族的传统美德，我们一直受着“只有节约才能省下来；越节俭才越能攒得下钱；不管赚多少，只有省下来的才是自己赚的”等理念的熏陶，然而这个理念放在今天，能成为致富的方法吗？答案是不一定。那些从小就大手大脚地请朋友吃饭或者花钱的人，到现在依然有条件大手大脚地花钱，而那些每次一到了付钱的时候就自行车锁不上或者就是没有带钱包的人多少年之后，依然过着拮据的生活。似乎越花钱的人越富有，而越舍不得花钱的朋友却越穷，这是为什么呢？请看以下这两个小故事，也许能对你有点启发。

故事一

有一个人极其地节俭，节俭到了什么地步呢？早晨几乎从来不买早点，能从同事那蹭到就蹭，蹭不到就不吃。他虽然是一个抽烟者，但几乎从来都不带烟，就是看怎么能从同事那里抽到，跟别人借钱也总是有借无还，照这个样子，他应该是典型的“节约型”，如果说节约可以走向富裕的道路，也就是说他应该能致富，生活可以积攒很多钱。然而，几年之后，他的儿子得了病，自此，他所有积攒的没有舍得花的钱，全部花完，朋友亲戚们能借的几乎借遍了。由于以前的作风，愿意借给他钱的也只有亲戚们，朋友们自然没有几个愿意借的，最遗憾的是，欠了一屁股的债不说，最后儿子依然还是去世了。

而他的生活呢？从此也依然更加地需要节俭，而且内心承受更大的负担压力。真的是什么样的心境、什么样的花钱风格就吸引了什么样的外在环境来与

之相匹配，似乎真的是越舍不得花钱越穷。

故事二

一天美国一个数学家在逛一家人满为患的大超市时，在咖啡厅休息的时候，看到附近坐着一个抽雪茄的人，由于此人雪茄独特，再加上自己对数字敏感，于是顺口就问了下那个人，你抽的雪茄多少钱呢？那人回答道：“一支80美元。”

此人迅速坐姿笔挺：“什么？一支80美元？那你一天抽几根呢？”

“看情况的，平均每天至少也要五支吧。”

“那你这样的雪茄一共抽了多少年了呢？”

“抽了三十年了吧。”

听完这些后，数学家本能地开始计算了，片刻之后，他看似感慨地对抽雪茄的人说道：“我初步计算了下，如果你这三十年没有抽这种雪茄的话，省下买雪茄的钱足以买下这个大型超市了。”这位数学家甚是感慨，但是只见这位抽雪茄的人却微微地发出了一丝笑容，并看着这位数学家说道：“正是因为我抽了这样的雪茄，所以现在这家大型的超市才是我自己开的。”

为什么越花钱的人越有钱，而越不喜欢花钱的人越贫穷呢？本质就是思维的角度不同：节俭的人的思维模式永远都是：能便宜就便宜，攒下钱还有其他用呢，等以后钱攒多了再买。例如：买衣服的时候，看到一件几千元的衣服，感慨：哇，这么好的衣服，这么漂亮，质量还这么好，转念一想，算了，等我以后有钱的时候再买吧，想买鞋的时候亦如此，想买一辆车的时候，算了，我的钱不够，买了之后小孩上学就有麻烦了，等等。总之，穷人想的都是等有钱了以后怎么怎么样。

而富人怎么样想呢？他们对自己喜欢的东西，永远考虑的都是，我如何做才能够买到它呢？我如何才能赚到那么多的钱呢？由于他们想的是如何才能赚到钱，而不是想有钱了之后才怎么怎么样。就这一个差距，使得富人的赚钱的点子、路子、方法越来越多，而这种路子，方法都是伴随着自己的欲望，伴随着自己的野心而成长着，今天赚的钱开上了桑塔纳，明天喜欢上了别克，就开始想着现在赚的钱太少了，怎么才能赚更多的钱呢？迅速调整自己的工作，调整自己的事业，进而把自己喜欢的东西买到，过着别人不可思议的生活。

著名哲学家培根曾告诫我们：不要爱惜小钱；钱财是有翅膀的，有时它自己会飞去，有时你必须放它出去飞，好招引更多的钱财来。那两个故事虽然小，但也告诉我们一个道理：越舍不得花钱的人越贫穷，是因为他们太过吝啬，所以千万不要吝啬，该花钱的时候一定要大气地来花钱，如果连大方地对待他人的心胸都没有，如何能赚到大钱呢？一个人的格局、心胸是靠修出来的，也许以前没有注意上好这堂课，那么现在就做一个全新的自己吧，相信会赚钱的你从此刻开始已经走上更加多彩富饶的生活的道路上了。

50.机会是通往财富的桥梁

明智者创造的机会比他发现的要多。

——论财富

我们要实现梦想，获得财富，需要有一个致富的平台，而机会就是通向这个舞台的桥梁。机会说起来容易，但做起来未必容易。培根告诫我们：“明智者创造的机会比他发现的要多”，因此我们要好好把握住机会，才能在其中锻炼自己，帮助自己获得财富。

一个名为松下公司的外企招一名会计。又因为这是一家跨国性的大公司，所以这是许多年轻人向往的地方。终于到了面试的那一天。公司里人山人海，经过严格的笔试之后，又经过细心的筛选，最后只剩下三位非常优秀的女大学生了，经理让她们明天再来进行口试。到了第二天，三位女大学生都穿着漂亮的衣服来了，而经理却一人发给她们一件衣服和一个黑皮包，对她们说："现在我所给你们的每一件衣服上都有一块污迹，你们必须在八点十五之前到总经理室去进行口试，并且我提醒你们一句，总经理喜欢干净整洁、落落大方的人，你们身上的污迹最好别让总经理发现否则你会被淘汰的。"

这时，A学生赶紧拿出手帕纸来擦，而其结果是污迹越擦越脏、越擦越大，这时，A学生非常地着急，苦苦央求经理，想让她再换一件，可是，经理带着遗憾的口气说："不好意思，你已经被淘汰了。"A学生哭着离开了，B学生看局势不行，所以飞奔到洗手间，想设法用水将污迹冲洗干净，她洗了一遍又一遍，果然，污迹没了，胸前却湿了一大片，这时，B学生一看表，已经快到八点十五了，她整理了一下，飞奔向总经理室，到了总经理室门前，一看表，正好八点十五，B学生缓缓打开门，只见C学生正要从屋里出来，B看见C学生胸前还有那块污迹，她这才放了心，她胸有成竹地走了进去，总经理看到她眼前的那块"湿地"，对她说："现在我宣布胜出者，那就是C学生。"B学生非常惊讶，很不服气，总经理看出了她的心思，微笑着说："C学生用她的黑皮包挂在胸前，挡住了那块污迹，我想，如果我没猜错的话，她现在已经在洗手间里，大概你的黑皮包落在洗手间里了吧！"B学生心服口服地离开了总经理室。

对待机会，我们需要做到以下三步。

1.发现机会

在某一场合或经朋友介绍，认真或不认真、深入或不深入地进行了了解，对某事物有了一般性的认识或相当的了解，从而发现致富的商机。

2.抓住机会

当我们对某事物有了相当的了解，就要迅速出手，先行介入，以自己的能力去开发这一领域。

3.把握机会

我们要在这一领域认真学习，掌握了新观念、新知识、新技能、新方法，不断施展才能，取得了可喜成绩，这叫把握了机会。

机会是不断在新生事物中出现的，昨天的机会，不等于今天的机会，机会也不是每个人都有的，而是需要每个人去争取，正如世上没有两片完全相同的树叶，每个人的机会也不尽相同。你有可能在某一巧合中，掌握了过去的机会，但并不说明你掌握了以后的机会，或以后的机会都属于你。

如果你拥有致富的野心，有了梦想，并不是一下子就能得到梦想的结果，还需要有一个过程，这个过程有近路、有远路、有新路、有老路，交通工具也不一样，您的“选择”不同，成功速度不同，结果也不同。选择新路，用新工具、新方法是实现梦想的捷径，这就是机会，同时，我们的观念也要与时俱进，才能把握更新的机会，从而达到致富的目的。

51.正确认识财富，不做“吝啬鬼”

致富的方法很多，大都是不干不净。吝啬是最好的一种，但也不是清白无罪。因为它束缚人们做慷慨施舍与慈善救人的工作。

——论财富

时至今日，社会经济的高速发展极大地改善了人们的物质生活，但富足的生活反而使得当代人变得更加浮躁，即使生活条件有了提高，但真正感到幸福的人并不多。相反，工作中带来的压力，社会转型中出现的无序，对金钱的重新定位，都使人们内心充满了焦虑和困惑。

生活中，每个人都在以自己的方式创造并享用财富。尤其在今天，个人生活的改善、自我价值的体现、社会效益的达成，都是以财富的增长作为衡量标准。但正如俗话所说的那样："人为财死，鸟为食亡"，如果我们不能正确认识财富的作用和过患，往往就会被它所伤害。

古时候，有个乞丐拾到了一大块金子，他把金子化整为零，分成三十块，藏在各处，要用的时候就拿一小块。于是，他先换行头，然后买来房子，置了田产，又娶了老婆，再后来又捐了官，成为一个体面的人。

那天晚上，他吃完宴席回来，看到门前有一个乞丐，一条腿断了，衣衫褴褛，在寒风中煞是可怜，有气无力地对他说："先生，你行行好吧，我就要死了，只要你给我养老送终，我一定给你一个意外的惊喜。"

他想起当年做乞丐时的悲凉，同情心顿起，让随从把他抬到家里去，让人给他洗澡换衣，做饭喂药……

那天，奄奄一息的乞丐从怀里摸出一个包裹，感激地对他说："你真是个好人，我死了，这个就归你。"

打开一看，他眼睛都直了，是一大块金子，和他当年拾到的一模一样。

乞丐接着又说："原来我有房有地，也是个体面人……"后来，又指着那金子，说，"自从我拾到了它，有人看我整天神神秘秘的，以为我一定发了意外之财，就盯着我，为了得到宝贝，一伙人还打断了我的腿，为了保住这个宝贝，后来我东躲西藏，过上了不安定的生活，最后沦落到这个地步。"

一个乞丐拾到金子，因为适时地用出去，而成就了自己的人生。一个体面的人拾到金子，为了保全而费尽心机，最终却沦落为乞丐，虽然无奈，然而财富有时就是这样捉弄人。

培根对吝啬财富是这样定义的："致富的方法很多，大都是不干不净。吝啬是最好的一种，但也不是清白无罪。因为它束缚人们做慷慨施舍与慈善救人的工作。"

像葛朗台、严监生这样的形象是文学殿堂里有名的吝啬财富的人，他们

之所以得到“吝啬鬼”这样的恶称，是因为他们即使巨富却不舍得花一分钱，但仅是因为这样就被世人所诟病吗？也不尽然。我国历史上有位富人杨朱，他也是很富有，并且“一毛不拔”，他曾向世人明确地表态，“损一毫利天下，不与也”。可是几千年来，不但没有人说他吝啬，反而还获得与孔子、墨子齐名的荣誉。这是为什么呢？因为杨朱先生虽然没有把钱“拔”向社会，可是却自己充分地享受——这是“贵己”的体现。另一个典型，就是“自苦为极”的墨翟先生，他虽然富有，但在刻薄自身的程度上，远远地超过了葛朗台等几位“吝啬鬼”，可是世人也不曾嘲弄墨翟先生吝啬，因为墨翟先生虽然没有把钱花在自身上，但是却花向了社会——此为“兼爱”。

其实许多富翁们“吝啬”的小故事，我们早就耳熟能详，但在今天我们再细想这些故事，反而觉得他们的吝啬并不能说是吝啬，反而是一种难能可贵的精神。

当今香港富豪李嘉诚曾经列世界富豪榜第十位，然而他却珍惜每一元钱。李嘉诚有一次从酒店出来，准备上车的时候，把一枚硬币掉在了地上，硬币骨碌碌地向阴沟滚去，他便欠下身去追捡。旁边一位印度籍的保安见状，立即过来帮他拾起然后交到他的手上。李嘉诚把硬币放进口袋后，再从钱夹里取出100元港币，递给保安作为酬谢。为了1元钱却花了100元，这无论从哪个角度看都是不划算的。有人向李嘉诚问起这件事情，他解释说：“若我不去捡硬币，它就会在这个世界上消失，而我给保安100元，他便可以用之消费。我觉得钱可以拿去使用，但不能浪费。”

一元硬币掉地上，李嘉诚弯腰去捡，这就是“勤”；不使一元钱的财富灭失，这就是“俭”。勤俭不是吝啬，而是不浪费，钱尽其用，用到好处。

如果说赚取财富体现了一个人的能力，那么如何使用财富却反映了他的智慧。有些人珍爱金钱超过生命。即使拥有再多，依然舍不得以财富去帮助他人，不但舍不得造福社会，也舍不得给家人使用，甚至舍不得给自己享用。对于这样的人来说，他们只是财富忠实的保管者而已，即使赚再多的钱，又有什么意义呢？这种以积攒钱财、守护钱财为乐的方式是非常愚蠢的，当钱财不能发挥应有的作用时，它们不过是些毫无意义的金属和纸片。

因此，我们必须对财富有正确的认识。也只有这样，我们才能懂得怎样合理使用钱财；才能从容地驾驭它，成为财富的真正主人。

52.利用职务之便致富不可取

靠职务得到收入，虽然也能迅速增加财富，但如果是靠阿谀奉承或其他奴颜媚骨的手段获得的，那么这种财富也可以放在最坏的一类。

——论财富

在佛经里记载着这样一个故事：某日，佛陀率弟子阿难外出乞食，看见路边有一坛黄金，佛陀立刻对阿难说：“看，毒蛇。”阿难亦应声答道：“果然是毒蛇。”师徒俩的对话恰巧被附近一对农民父子听到，便怀着好奇心前来观看。一看之下，不由欣喜若狂，赶紧将黄金带回家中，以为这从天而降的幸运将改变他们的贫困生活。改变的确是发生了，但完全不是他们希冀的那样。当父子俩带着金子去市场兑换时，却被人告到了官府。原来，他们捡到的金子是窃贼从宫中盗出，在逃跑时弃于路旁的。他俩人赃俱获，有口难辩。这对乐极生悲的父子在临刑时，才领悟到“毒蛇”的真正含义。

类似的故事在现实生活中也比比皆是，近年来，甚至有部分领导干部也由人民公仆沦为以权谋私的罪犯。剖析他们蜕变的轨迹，我们可以发现，是金钱一步步腐蚀着他们的灵魂。如不久前发生在厦门的特大走私案，直接牵涉到各级部门的工作人员达三百多人。当那些昔日地位显赫的特权阶层身陷囹圄时，

想到的是什么？当他们为此付出生命的代价时，想到的又是什么？

正是对金钱的贪婪导致了人们的堕落，使他们的价值观发生了严重扭曲，种种教训正如培根对我们的警醒：靠职务得到收入，虽然也能迅速增加财富，但如果是靠阿谀奉承或其他奴颜媚骨的手段获得的，那么这种财富也可以放在最坏的一类。金钱虽然诱人，但也有着致命的杀伤力。之所以致命，一是人类的贪欲使然，二是没有认识到财富背后隐藏的陷阱。

金钱何以会成为万恶之源？首先是来源问题，这在拜金主义盛行的今天尤其值得重视。以往的生活条件虽不富足，但在安贫乐道的传统观念影响下，人们依然能够知足常乐。随着改革开放的深入，西方物质文明以其巨大的冲击力，将中国从道德社会迅速推向了功利社会。金钱的诱惑和贫富分化带来的危机感，双重地困扰着人们。在利益的驱动下，许多人丧失了理智，置法律及道德于脑后，不择手段地谋取财富。或造假卖假，以不法手段来骗取钱财；或铤而走险，以走私贩毒来牟取暴利；或以权谋私，利用工作之便来贪污受贿……当这些不法行为和金钱结合在一起时，人们往往就一叶蔽目，知法犯法，在所不辞。由此我们也可以认识到，如果将积聚财富作为工作的唯一目标，处处以权谋私，聚敛钱财，那么这样的人生无疑是可悲的。

53.挣钱和赚钱不是一回事

有人说，他自己致小富的时候很难，致大富的时候很容易，这话是很真的，因为一个人如果已经富有到可以坐待市场好转，并且做成常人无钱办理的交易，又能与年轻一点的人的事业合作的时候，他的财富是非大增不可的。

——论财富

当人们在社会生活时，总是或多或少会谈到钱，有的人认为自己挣钱很辛苦，有的人却认为赚钱很容易。当然，这一方面是工作不同、能力不同的表现，另一方面则是最根本的价值观不同而决定的。

“挣钱”和“赚钱”不是一回事，从文字上就可看出一二。在汉字里，“挣”字左边是手，右边是争，意思是你要用自己的双手去辛苦地劳动，才能争取获得一点报酬，而且因为它只是对你的劳动付出的报酬，所以一般报酬都是比较少的，因而要通过“挣钱”来致富，一是财富成长速度慢，二是财富成长数量少。但“赚”字就不同，它左边是贝，右边是一只手拿二支禾苗，代表粮食。意思就是用钱买粮食再卖出去，然后又得到钱，这才是真正意义的钱的增加，也就是财富之源。如果人们能把它做成一个循环，那么财富就会源源不断地增加。

因此，我们不应该混淆“挣”和“赚”，因为它们是两个概念，培根曾说：如果有幸最先发明了什么或拥有某种特权，有时这也能使人暴富，加那利群岛的第一个糖商就是这样；所以，如果一个人能成为一个真正的逻辑学家，具有发明家的高智能，他就可以做成大事，特别是在时机到来之际。因此，真正的致富要从“赚钱”这个行为中产生，而这有个前提，那就是用自己的时间与劳动创造另一形式的劳动状态，比如创立公司，经营产品或专项才能，创造资产。

美国，一个在经济大萧条中因公司破产而失业的售货员，平日的积蓄薄若空气，因而贫穷降临到他身上的速度快得迅雷不及掩耳。

一个晚上，一位昔日的同事在闲聊中无比羡慕地向他提及可口可乐，“你知道吗，谁都喝过可口可乐，但在以前，人们只能专程到备有饮水机的商店才能喝到一杯可口可乐，但有个人想，可不可以把可口可乐装进瓶子里，封好瓶口，到处售卖呢？于是，他前往可口可乐公司，提出想用自己的设想入股，获取瓶装可口可乐所获利润的百分之一。几乎从瓶装可口可乐上市的那一刻起，

这个‘百分之一’就让他瞬间成了一个百万富翁”。

那个晚上，这位穷困交加的失业的售货员心想，以前要喝可口可乐只能到备有饮水机的商店去，由店员从饮水机中装一杯给你，而现在要想给汽车加油，也只能到加油站去，让油站工作人员从一大罐汽油中抽出一部分来，装入你的汽车的油箱里。但后来有了瓶装的可口可乐，可以在人们想喝的时候随时打开就喝，无论是在自家的客厅里，还是行走在路途中，都很方便。那么现在可不可以有瓶装的汽油呢？无论何时需要，驾驶者只需停下车，打开瓶盖，像喝可乐一样方便地把油加进自己的油箱，东西不同，但道理相通，为什么不可以试一试呢？只是瓶子易碎，换成罐子行不行？

于是，他成立了一个公司，然后跑到卖罐子的商店，说如果合适随后将大批量需要，他得到了比一般顾客更便宜的罐子。然后，他又去找当地最大的一家杂货店，说有一样东西，放进你们的店里销售，会让你们的销售额巨幅上升。

对这笔无本之利，店主当然热情洋溢，于是，第一批仅供大货车使用的罐装汽油诞生，它的构想与完成者每罐获75美元利润。

仅凭这每罐汽油的75美元，这位失业的销售员变成了一位千万富翁，并以此为依托，继而建立起了自己庞大的金融王国。

赚钱就是像这位售货员一样，在一个机缘巧合下，以一个商机成立自己的企业，从而获取财富。被誉为企业教练的布莱恩·许尔曾说：“最快速的赚钱方法，老实说不是投资股市或房地产，而是创造成功的企业并成功经营，但要记住，并不是所有的企业都能获利，有些公司虽然成功，但却一文不值。因此，你要开创的事业，对其他人而言，必须是有价值的，这样才能让你赚钱。”

54.野心是致富的基础

有野心的人，如果他们觉得升迁有路，并且自己常在前进的话，他们与其说是危险，不如说是忙碌的。

——论野心

如果你所设定的目标是一只雄鹰，那你多数时候可能只射到一只小鸟；但如果你的目标是太阳，那你可能就射到了一只雄鹰。某些人之所以贫穷，大多数是因为他们有一种无可救药的缺点，即缺乏野心。

这些人对财富没有野心，追求的只是三餐温饱，平淡无奇的生活，这种观念致使他们一直也不能变成富人。因为他们没有改变生活质量的念头，当他们生活富足时，他们只会满足于现状，而不再为更好的生活而努力，就是这种不思进取、得过且过的心态使得他们一直贫穷下去。

巴拉昂是一位年轻的媒体大亨，以推销装饰肖像画起家，在不到十年的时间里，迅速跻身于法国50大富翁之列，1998年因前列腺癌在法国博比尼医院去世。临终前，他留下遗嘱，把他4.6亿法郎的股份捐献给博比尼医院，用于前列腺癌的研究；另有100万法郎作为奖金，奖给揭开贫穷之谜的人。

巴拉昂去世后，法国《科西嘉人报》刊登了他的一份遗嘱。他说，我曾是一个穷人，去世时却是以一个富人的身份走进天堂的。在跨入天堂的门槛之前，我不想把我成为富人的秘诀带走，现在秘诀就锁在法兰西中央银行我的一个私人保险箱内，保险箱的三把钥匙在我的律师和两位代理人手中。谁若能通过回答穷人最缺少的是什么而猜中我的秘诀，他将能得到我的祝贺。当然，那时我已无法从墓穴中伸出双手为他的睿智而欢呼，但是他可以从那只保险箱里荣幸地拿走100万法郎，那就是我给予他的掌声。

遗嘱刊出之后，《科西嘉人报》收到大量的信件，有的骂巴拉昂疯了，

有的说《科西嘉人报》为提升发行量在炒作，但是多数人还是寄来了自己的答案。

绝大部分人认为，穷人最缺少的是金钱，穷人还能缺少什么？当然是钱了，有了钱，就不再是穷人了。还有一部分人认为，穷人最缺少的是机会。一些人之所以穷，就是因为没遇到好时机，股票疯涨前没有买进，股票疯涨后没有抛出，总之，穷人都穷在背时上。另一部分人认为，穷人最缺少的是技能。现在能迅速致富的都是有一技之长的人，一些人之所以成了穷人，就是因为学无所长。还有的人认为，穷人最缺少的是帮助和关爱。每个党派在上台前，都给失业者大量的许诺，然而上台后真正爱他们的又有几个？另外还有一些其他的答案，比如：穷人最缺少的是漂亮，是皮尔·卡丹外套，是《科西嘉人报》，是总统的职位，是沙托鲁城生产的铜夜壶，等等，总之，五花八门，应有尽有。

巴拉昂逝世周年纪念日，律师和代理人按巴拉昂生前的交代在公证部门的监视下打开了那只保险箱，在48561封来信中，有一位叫蒂勒的小姑娘猜对了巴拉昂的秘诀。蒂勒和巴拉昂都认为穷人最缺少的是野心，即成为富人的野心。在颁奖之日，《科西嘉人报》带着所有人的好奇，问年仅9岁的蒂勒，为什么想到是野心，而不是其他的。蒂勒说："每次，我姐姐把她11岁的男朋友带回家时，总是警告我说不要有野心！不要有野心！我想，也许野心可以让人得到自己想得到的东西。"

巴拉昂去世后，留下"穷人最缺少的是什么？"的秘诀，并以100万法郎作为奖金，在48561封来信中，只有一位叫蒂勒的小姑娘猜对了巴拉昂的秘诀。她和巴拉昂都认为穷人最缺少的是野心，野心是永恒的特效药，是一个扭转人一生的观念，是人们致富的基础。

一个没有野心的人，就没有追逐欲望的动力，就会安于现状，在激烈的商场竞争中碌碌无为直至被淘汰出局。而一个人若拥有野心，就能够获得成功，哪怕他一开始不断地失败，野心也会支持着他一次一次创业，直至成功。

有的人只看到别人富有的结果，却没有看到取得这些结果的过程和起点，你没有付出像富人一样的心力和能力，你能将想法付诸行动吗？遇到商机你能抓住吗？所以，一个人时刻需要强劲的野心，只有在野心的推动和激励下，才能勇往直前地发展，直到获取他需要的财富。

第三章

关于大义

55.孤独是因为缺少真正的友谊

人与人的友情对人生是何等重要，得不到友谊的人将是终身可怜的孤独者，没有友情的社会则只是一片繁华的沙漠。

——论友谊

孤独是什么？有人说孤独是一种情绪，也有人说孤独是一种个性的浓缩，我们说孤独其实是一种悲哀，一种缺少友谊的悲哀。“最难忍受的孤独莫过于缺少真正的友谊”，培根的这句话堪称至理名言。如果人们没有了友谊，那么每个人都将是孤独的，人，正是因为有了真正的友谊才伟大的。可见，友谊在我们的生活中是不可缺少的。

春秋时代，有一名琴艺十分高超的乐师，名为俞伯牙。伯牙有一位特别了解他的朋友，名叫钟子期。伯牙小时候曾拜名师学琴，琴艺原本就很棒，长大后，他开始自己作曲，琴艺又大大提升。凡是听过他弹琴的人没有一个不赞叹不绝。但是很少有人能每次都准确地道出伯牙弹琴的心意，而唯独钟子期可以做到这点。

伯牙弹《高山流水》这首曲子时，心中想到了挺拔的高山，琴声就像一座雄伟的山川屹立在听者耳旁。钟子期陶醉在其中，听后拍手赞叹道：“伯牙，你弹得真是太好了，就好像巍峨挺拔的高山屹立在我的面前。”伯牙心中想到流水，琴声犹如一条翻滚着的江水流进了听者的心中，钟子期听后高兴地说道：“真是妙极了！这琴声宛如奔腾不息的江河从我面前流过。”他们俩融融洽洽，从来没有发生过冲突，连游人也赞叹道："钟子期真是俞伯牙的知音呀！"

可惜，过去几年后，钟子期去世了，伯牙泣不成声，悲痛欲绝。

钟子期死后，伯牙经常自己一个人在屋中弹钟子期生前最爱听的《高山流水》。听着自己弹的曲子，伯牙仿佛又听到了子期一句句赞赏的话语。伯牙想："子期死了，谁又能说出我的心意呢？那弹琴又有什么意思呀！"想完，他又爱惜地抚摸着琴，心里暗暗地说："老伙计呀，跟随了我这么多年，一下子失去了你，心里还真有些舍不得，但是，子期已经去世了，没有人能像子期那样了解我了，留着你，也许没有什么用了，不如去陪我的知音吧！"说完咬咬牙，长叹一声，便把自己心爱的琴"啪"的一声摔碎，决定终身再也不弹琴。

俞伯牙和钟子期的"高山流水"已成为了千古绝唱，共同的爱好，对于音乐的高深造诣和执着，让他们惺惺相惜，彼此相知，从而建立了深厚的友谊。正如高山需要流水的点缀，流水需要高山的孕育，它们谁也离不开谁。所以当钟子期离开人世时，俞伯牙悲痛欲绝，愤而断琴。一曲《高山流水》令他们建立起真正的友谊，一种令世人为之动容的真正的友谊，没有了钟子期，谁能听懂俞伯牙的琴音？人生在世，如若只有虚情假意，连真正的友谊都没有，岂不是会抱憾终生，孤独终老？由此可见，友谊是多么的珍贵。

56.友谊的层次

只要你想想一个人一生中有多少事务是不能靠自己去做的，就可以知道友谊有多少种益处了。

——论友谊

友谊是双方真诚、友好的行为，而不是单方面的愿望与付出，每段友谊都是从两个陌生灵魂开始的，通过相识、了解的过程而逐渐熟知，共同的爱好或价值观是促进友谊发展的推进器。在社会上，人与人不同的交往会逐渐将友谊分成几个层次，这是很自然的现象，有的人只能跟你成为点头之交，陪伴你短短的几年就消失在你的生命中；有的人却能成为你一生挚友，在你的生命中占有举足轻重的地位。很多人在复杂的人际交往中会遇到困难，很大原因是由于他们不明白这个道理。有些人可能期望与所有人的友谊都能同样的密切，一旦发现事实并非如此，就会非常失望，实际上，友谊有四种不同的层次，不同层次的友情需要我们用不同的态度去经营。

层次一：泛泛之交。

在我们周围，形形色色的人都可能与我们有所关联。这些人可能是我们的同学，是我们的同事，或是萍水相逢却总能照面的擦肩之人，对于他们，我们所表现出的最大限度的友好，也只是见面时点一点头，或微笑以报。我们与其交流能达到的最深入的程度，也只是一些日常交流的寒暄。至于心事或秘密，我们不会与之分享，甚至不会在其面前表露。换而言之，这些与我们泛泛之交的人，是我们最基本的社会交际的对象，而不是我们的朋友。对于此，我们不必过于热情或过于排斥，顺其自然，很多时候，美好的友谊正也许正在彼此间生根发芽。

层次二：初识之交。

人的一生，都在不断地成长，不断地面临新生事物。上学时，我们会遇到新老师、新同学；工作时，我们会遇到新同事、新上司；生活中，我们会遇到新邻居、新伙伴，比起层次一中所说的那些人，对于这些初识后有所接触的人，我们和他们的交际机会、沟通内容会相对多一些——然而也仅是多一些而已。我们会与其分享、谈论一些时事、社会热点等公众信息，谈资依旧不会涉及自己和对方的心事或隐私。

层次三：君子之交。

俗话说“君子之交淡如水”，这一层次的交往，彼此已可以称得上对方的朋友，交谈中会袒露自己对于某些事情的看法、感受，也会适当透露自己的私事或心情。双方可以在一种并不浓稠但温馨的友情氛围中分享、探讨彼此的爱憎好恶，友情也会在日益增多的接触、交流中逐渐深厚、巩固。

层次四：莫逆之交。

莫逆之交，是友情最深的层次，也是其最终的形式。人们常说的“高山流水”“管鲍之交”“刎颈之交”等，都属于这个范畴。有着如此交情的朋友，已经达到了心灵交流的境界。在这种朋友面前，人们毫不掩饰，尽情地挥洒着自己的豪情，而不用担心被嘲笑；人们毫不畏缩，对着种种事物指点江山，而不用害怕被呵斥。莫逆之交，是一生的挚友，是出生入死的袍泽，他们相互信任，相互理解，更相互接纳。莫逆之交不会厌弃我们的缺点，只会中肯地提出意见，并积极帮助我们更改；莫逆之交可与我们同患难共富贵，无论风雨彩虹都对我们不离不弃。这样的友谊，也会因为彼此的欣赏与交流增多，而更加深刻、丰富。

公元前4世纪，在意大利有一个名叫皮斯阿司的年轻人触犯了国王，皮斯阿司被判绞刑，在某个法定的日子要被处死。

皮斯阿司是个孝子，在临死之前，他希望他能与远在百里之外的母亲见最后一面，以表示他对母亲的歉意，因为他不能为母亲养老送终了。他的这一要求被告知了国王，国王感其诚孝，决定让皮斯阿司回家与母亲相见，但条件是皮斯阿司必须找到一个人来替他坐牢，否则他的这一愿望只能是镜中花水中月。这一个看似简单其实近乎不可能实现的条件，有谁肯冒着被杀头的危险替别人坐牢，这岂不是自寻死路？但茫茫人海，就有人不怕死，而且真的愿意替别人坐牢，他就是皮斯阿司的朋友达蒙。

达蒙住进牢房以后，皮斯阿司回家与母亲诀别，人们静静地看着事态的发展。日子如水，皮斯阿司也没有回来的迹象。人们一直议论纷纷，都说达蒙上

了皮斯阿司当。

行刑日是个雨天，当达蒙被押赴刑场之时，围观的人都在笑他愚蠢，那真叫愚不可及，幸灾乐祸的大有人在，但刑车上的达蒙不但面无惧色，反而有一种慷慨赴死的豪情。

追魂炮被点燃了，绞索也已经挂在达蒙的脖子上，有胆小的人吓得紧闭双眼，他们在内心深处为达蒙深深地惋惜，并痛恨那个出卖朋友的小人皮斯阿司。

但就在这千钧一发之际，在淋漓的风雨中，皮斯阿司飞奔而来，他高喊着："我回来了！我回来了！"

这真是世间最最感人的一幕，大多数的人都以为自己在梦中，但事实不容置疑。这个消息宛如长了翅膀，很快传到了国王的耳中，国王闻听此言，也以为这是痴人说梦，国王亲自赶到刑场，他要亲眼看一看自己优秀的子民，最终，国王万分喜悦地为皮斯阿司松了绑，并亲口赦免了他的罪。

有的事情开始，有的事情结束，唯有友谊亘古不变，俗话说，千金易得，好友难求，达蒙与皮斯阿司这对好友充分证明了友谊是如何真诚和珍贵的。朋友是人的精神生活中一个重要的组成部分，没有友谊的人，就像生活在寂寞的荒野一样悲凉。古今中外不知多少名人赞美过友谊，著名哲学家培根曾说过："得不到友情的人将是终身可怜的孤独者；没有友情的社会，只是一片繁华的沙漠。"可见友谊就像那多彩的画笔，能够把我们的人生描绘得多姿多彩。

57.结交真正的朋友

友谊的奇特作用是：如果你把快乐告诉一个朋友。你将得到两个快乐；

而如果你把忧愁向一个朋友倾吐，你将被分掉一半忧愁。所以友谊对于人生，真像炼金术士所要寻找的那种“点金石”。它既能使黄金加倍，又能使黑铁化金。

——论友谊

人是生活在现代社会的大家庭里，而不是孤立的个体，因此，每个人每天都要接触形形色色的人。俗话说“一个篱笆三根桩，一个好汉三个帮”，可见结交朋友的重要性是不言而喻的。一个真正的朋友，能够在你无助的时候伸出无私的手；一个真正的朋友能在你落魄时仍然对你如以往，当你辉煌时却不改初衷。每个人心里都对朋友有个定义，只有能够彼此欣赏、彼此真诚、彼此信任、彼此理解以及彼此宽容的人，才是你真正的朋友。

人生不可没有朋友，否则无法生存和发展，结交朋友能获得事业的助力，因而一个人若想成就，要尽量结交有价值的朋友，但是我们交友既要广交，也要慎交，切忌误交和滥交。

王财主家的小儿子天宝，正是血气方刚的年纪。王财主整日忙着打理生意，没空管他；王夫人只知溺爱，更是难以管束。天宝仗着家里有些产业，不仅不思进取，气走了好几个教书先生，还整日跟着一帮狐朋狗友在外面吃喝打斗。

王财主冷眼观看了半年，这天，他突然从百忙之中抽出身来，把天宝叫到面前，问道：“说说看，认真算起来，你能数出多少个朋友？”

天宝一仰头：“多得是。”

“好，那咱来试试。”王财主指着天宝，“后厨刚宰了只猪，你去弄点猪血来，往这袍子上洒点，然后出去找你的那些朋友，说你杀人了，看看他们都什么反应。”

天宝知道父亲这是要他试验人心，他自己也挺好奇结果，于是就照办了。收拾完后，他先后去找了自己认为最亲密的朋友家福和大虎。

他跟家福说自己杀了人，想问家福借点钱出去，逃到外乡躲官司。

家福说："我爹前儿还跟我说呢，叫我胡闹，往后一个铜板也不给我。你要不去找洪兴问问？"

天宝摇着头告辞了，又来到了大虎家的门口。他敲了半天门，大虎才从门缝中露出一只眼睛。天宝说了半天，大虎都没有开门招呼他进去，天宝只得也问大虎借钱，说要出去避风头。大虎说："我娘刚给我定了门亲，不让我乱花钱啦，你去找家福看看吧。"

天宝强压怒火，不与他计较。他抱着试试看的心态，找遍了所有朋友，却没一个人愿意帮助他。回到家后，他低着头将自己的遭遇告诉了父亲。

王财主拈着须，并不评论，只是说："为父常说，自己有一个半朋友。你先去找孙伯，他算是为父半个朋友。"

天宝来到孙宅，将情况大致说了说。还没等他开口提钱，孙伯就匆匆返回屋中，拿出一叠银票递给天宝，又递给他一块玉佩。"孩子，家里现有的银票有这么多，元宝你拿着太招眼，路上不太平。这块玉佩你拿着，孙家祖传的，没钱了你去当掉，也能换个万把银子。孩子，别久留了，快走。等风头过了，我和你爹一起寻你回来。"

天宝看着孙伯急切而真挚的样子，不禁哭了起来。

随后，天宝又来到父亲说的"一个朋友"周叔叔这里。管家将他带到周叔叔面前，周叔叔一看到他满身血污，立即屏退左右，压低声音问他这是怎么了。天宝又将父亲教他的话重复了一遍。周叔叔听闻，立刻让天宝脱下袍子。"你刚才进来可有旁人注意你？"

"不曾，您的府丁、丫鬟们都在忙自己的。"

"那就好。管家是个可靠的人。你赶紧把袍子脱下，让我二儿子穿上，你俩年纪身材都差不多。换了袍子，我送他去衙门顶罪。你哪儿都别去，先在我这儿避一避。"

天宝听完，"扑通"一声跪倒在地，哭着向周叔叔道明了原委。回家以后，天宝向父亲承认了错误，并表示一定会洗心革面，不再与那些狐朋狗友来往。

1.挚友畏友，值得一交

明代的名士苏峻在他所著的《鸡鸣偶记》中，将朋友分为四类：“道义相砥，过失相规，畏友也；缓急可共，死生可托，密友也；甘言如饴，游戏征逐，昵友也；和则相攘，患则相倾，贼友也！”故事中，天宝的那些朋友，明显应该划分为昵友和贼友；而天宝父亲的“一个半”朋友，则是真正的畏友、密友、挚友。

很多人对于畏友总是敬而远之，殊不知，这样的行为等于使自己在人生道路上失去了一块重要的基石。畏友之所以让人生“畏”，是因为他们总是能发现并指出朋友的过错，总是不断地规劝、提醒朋友。人们出于对自身的过高估量和虚荣心，当然不愿意他人对自己的行为过多地“指手画脚”，因此，当畏友日复一日地批评和规劝时，人们自然有意无意地对其敬而远之。然而，人的一生都在犯错，人的一生都需要不断改善自己、获得成长，正是畏友的心意和力量，才能使我们及时从错误的道路上抽身而出，回归正途。虽然畏友的指摘有时候听来确实刺耳，但我们应该记住，忠言逆耳利于行，畏友对我们提出批评或指责，他们的出发点是为了我们的进步，他们是真心渴望我们获得成功的。

人生一世，能有两三畏友，已是难得；若是能有一二可以死生相托的密友、挚友，那真可谓天大的福分。挚友与我们心意相通，志趣相同，在人生的道路上与我们风雨守望，同舟共济。挚友之间，情深义厚，重义轻利，同生共死，往往能够不惜牺牲自己的利益，为朋友助一臂之力。他们和畏友一样会及时指出我们的过错，却更比畏友懂得顾及我们的感受。人生道路上，畏友、挚友都是值得我们用心交往的人。

2.昵友贼友，看见绕道

在有些人身边，尤其是一些初涉世事的青少年身边，常见的是昵友，甚至

贼友。这些人涉世未深，不解人心，很容易被一些花言巧语唬得晕头转向；而有的则意志薄弱，终日沉溺于声色犬马之中，自然便与“臭味相投”的人走得更近。还有的，则是功成名就的人士，虽历经大风大浪，却虚荣太过，对于那些溜须拍马的逢迎之徒毫无抵挡之力。

这些见风使舵、唯利是图的昵友、贼友，人们通常称他们为“酒肉朋友”。在你春风得意、名利双收时，这些酒肉朋友或许不会对你造成什么伤害。而一旦你威风不再、失去了利用价值，他们便会展露出小人嘴脸，有的幸灾乐祸，有的转投阵营，有的甚至落井下石，使得你更加身败名裂。这种酒肉朋友就像狗皮膏药，一旦沾上就很难摆脱。在他们的影响下，有人可能一辈子庸庸碌碌，虚度人生；有人可能枉费心机，总在最后关头被人暗地击败；而有的人，甚至可能坠入深渊，万劫不复。因此，对于这些所谓的“朋友”，我们一定要及时看透，并远远避开。

因此，我们要识人为清，辨别真伪，从而拒交昵友、贼友，广交知友、密友和畏友，唯有这样，我们人生的航船才能乘风破浪、远离暗礁、顺利驶向幸福的彼岸。

58.来自朋友的诤言干净纯粹

一个人从另一个人的诤言中所得来的光明比从他自己的理解力、判断力中所得出的光明更为干净纯粹，这是无疑的。

——论友谊

钱孔里摆不开真情的盛宴，钞票上植不起友谊的大树，只能同甘不能共苦的人，绝不是你的朋友；能共苦却不能同甘，互相也称不上是朋友；能够在饥饿时把一个馒头掰成两块分食的人，一定是朋友；给你逆耳诤言，让你心生不快的人不一定不是你的朋友。什么人才是真正的朋友？是一味在你耳边歌功颂德的人吗？不，绝对不是。

良药苦口益于病，忠言逆耳利于行，真正的朋友，是能够给予你诤言的人。他的诤言是中肯、真挚的，他不会一味讨好你，而眼看着你走入歧路，培根也说："一个人从另一个人的诤言中所得来的光明比从他自己的理解力、判断力中所得出的光明更为干净纯粹"，人们应该多和这样的人成为朋友。

近代现实文学奠基人玛克西姆·高尔基曾在1925年8月27日给他的好友富曼诺夫写过一封信。当时，苏联著名作家富曼诺夫的小说《恰巴耶夫》和《叛乱》正风行一时，受到了社会各界的热烈追捧，人们赞扬他的作品立意深刻、文笔精简，富曼诺夫十分高兴地把自己的著作寄给了他的好朋友高尔基，希望听听高尔基的评价。但是高尔基在回信里并未像其他人一样一味赞扬，对这两部小说虽然也给予了肯定，更多的却是严厉的批评。他责备富曼诺夫说："您写得匆忙，写得十分草率，您是像一个目击者在讲述，而不是一个艺术家在描绘。因此，在故事中就出现了拖延故事进展的大量完全无用的细节。两本书写得都不简练，废话很多，有很多重复和解释。这些解释是一个明显的标志，说明你不信任自己，也不信任读者的理智。"富曼诺夫看到这封信后，不但不恼怒，反倒在日记中称自己"真是说不出的快活"，他立即给高尔基写回信说："你顺手给了我两拳，而且每一拳都打得是地方。"不久，富尔曼诺夫就根据高尔基的批评，花费了巨大的精力对这两部作品精心修改，他以一种极其严格的批判精神重新修改自己的文稿，使它们在再版时显得更加完美。

虽然高尔基给富曼诺夫的多是批评的意见，可是富尔曼诺夫却欣喜若狂，他认为高尔基的话帮助他对自己越来越严，不断追求艺术上的高境界，这是他的作品可以继续提高和进步的基础。

与卑劣者为友，只能沦为污泥浊水中的鱼鳖；同睿智者为友，智慧的灵光

会闪耀在混沌的夜空，照亮你前进的路途。假如有一天，人们的身边再没有可以铮铮直言的朋友，想来就不仅是个人的悲剧，甚至是整个社会的悲剧，因此我们所以不妨大气一些，拿一些勇气和大度来听听朋友的不同意见，总是有些反对的意见，才能帮我们看清地上的沟坎，在人生的路上走得更远。

59.友情可帮你分担痛苦

除了一个知心挚友以外，却没有任何一种药物可以治疗心病。只有对于朋友，你才可以尽情倾诉你的忧愁与欢乐，恐惧与希望，猜疑与烦恼。总之，那沉重地压在你心头的一切，通过友谊的肩头而被分担了。

——论友谊

自古以来，“友情”就是一种神奇的情感，它和亲情、爱情一样，是一种抽象的、令人捉摸不透的东西。只有拥有真正朋友的人，才能感受到它真正的美好之处。

你可以有很多朋友，但每段友情对你来说都不会一样。有的朋友只能交一时，当你们青春不在，可能就会各自远离不再联系；有的朋友能成为你的一生挚友，当你面对坎坷时，他已默默来到你的身边，即使没有交谈，他也能懂你的悲哀喜乐，帮你分担痛苦，因为有友情，在这个世界上你不会感到孤单，它可以让你在失落的时候变得高兴起来，可以让你走出苦海，去迎接新的人生。

志伟在医院的病床上躺了三个月后，他的房间来了一个病友。趁着去厕所的工夫，志伟匆匆扫了一眼病友的病号牌：白磊，16岁，骨癌。

志伟叹了一口气，没想到病友和自己一般年岁，也和自己一样的病情。两个年轻鲜活的生命，不能在人生舞台上肆意挥洒青春，却只能躺在病床上等待死神的召唤。

与挺拔英气的志伟不同，白磊是个带有浓浓书卷气的少年。不知因为病情还是因为肤色，他的脸白白的，透着青色的那种白。好在，他十分健谈。他渊博的知识，为两个少年之间制造了无限的谈资。他不擅长运动，却对各种运动项目和体育名人如数家珍，这让志伟很是满意。

志伟接受治疗的时间比白磊长，那种希望一点一点破灭的滋味，他也足足比白磊多品尝了3个月。纵然他是多么乐观开朗的少年，对于生命即将逝去这一事实，他依旧难免痛苦。有时候，他会眼里噙着泪，用开玩笑的口气说："磊子，你知道吗，在以前，每天这个时候，应该是我在篮球上场耍帅、勾搭美女的时候。"

这时，白磊会扶扶眼镜，对他说："还记得兰斯·阿姆斯特朗吗？他战胜癌症后，还多次赢得比赛，创造了环法历史上的奇迹——不管后来的结果如何，但至少，他在当初创造了奇迹，你也一定可以。"

"磊子，别安慰我了。我的情况你也清楚……"

"大伟，我们的生命并不会因为短暂而失去光彩；我们的灵魂也不会因为年少而没有价值。如果我们注定少年离世，如果这是命运的安排——那么，我不服。命运可以夺走我的生命，但它夺不走我的意志，也摧毁不了我璀璨的灵魂。大伟，只要你愿意，你也可以。"

志伟擦擦眼泪，点了点头，便与白磊一起相互扶持着，去屋外散步。

志伟生病期间，他的父母联系几经周折，办妥了移民，并联系了国外的医院，要让志伟去接受更加先进的治疗。办出院手续的这天，白磊刚做完化疗，虚弱得很。志伟握着他的手，问他还有什么交代给自己的。

"大伟，人生路有长有短，我们强求不来；人的灵魂有高有低，这是由我们自己掌握的。大伟，别怕，不管有什么事，别怕。就算走进了黑夜里，我们也一定能重新看见光明。现在你要转院了，不知道咱哥俩儿以后有没有机会再见面。你移民的国家太远，我暂时去不了了。以后，咱俩每个礼拜互道一声平安吧！我的手机号不会变的。”

志伟答应后，与白磊洒泪分别。之后的一年中，两部手机一直保持着联系。

这天，白磊的手机半天没人回信，志伟的手机立刻拨通了白磊的号码。接通后，电话两头却是两位中年的女性。白磊的手机里，一个女人的声音犹豫再三，先是为自己今天出门忘了带手机道歉，然后又道出了实情。原来，志伟转院不久，白磊就病情恶化，溘然长逝。而志伟的手机这头，志伟的母亲也泣不成声。志伟国外接受了4个月的治疗后，也没有逃出死神的魔掌。然而，两个少年在离世前，都拜托自己的母亲，将这份联系保持下去。他们要用自己的平安，给对方生的勇气和希望……

这个故事从一开始就注定了两个少年死亡的结局，可是对于死后，一个约定能够这样持续一年，也是对他们友情最好的纪念了。培根曾说：“只有对于朋友，你才可以尽情倾诉你的忧愁与欢乐，恐惧与希望，猜疑与烦恼。总之，那沉重地压在你心头的一切，通过友谊的肩头而被分担了。”这段友情的结局虽然令人唏嘘，但两个少年也用他们永生的灵魂诠释了可以令人忘却痛苦的友情。

60.获得友谊需付出真心

真挚的友谊犹如健康，不到失却时，无法体味其珍贵。

——论友谊

古人云："海内存知己，天涯若比邻。"人生在世，谁不希望自己有几个可以谈天说地、真心相待的朋友，培根也说，"真挚的友谊犹如健康，不到失却时，无法体味其珍贵"，可是我们要怎么架起友谊的桥梁呢？它需要朋友之间去互相理解、互相信任；需要朋友之间心与心的交流、沟通。只有真诚地去珍惜友情、经营友情，我们才能真正感受到来自友情的快乐。

又是忙碌的一天，翟总目送前来谈判的客户离开后，重重地摔进了老板椅里。他一手揉着太阳穴，一手揉着酸痛的颈椎，感到无比疲惫。

然而，身体上的疲惫，一个夜晚就能恢复。心灵上的孤独与紧张，却让他无所适从、难以摆脱。从白手起家到如今腰缠万贯，能够和他一起坐下喝杯酒谈谈心的朋友竟然越来越少。他这亟待与人倾诉的愁闷，竟日复一日地难以找到宣泄口。

秘书赵军送走客户后回来，见他这般疲惫，赶紧给他泡了杯参茶，然后说："老板，您太累了。刚接了这个大单，您不妨也给自己放个假吧！"

"公司的各项事务太多，我实在是抽不开身。"翟总摇摇头，"小赵啊，你不懂，这点累对我来说不算什么。我这体格，即便连轴三天三夜不眠不休，事后只要睡一觉就能补回来。只是，唉，也不知怎么了，越大越没出息，以前总觉得一个人就能扛的事儿，现在啊，总觉得放在心里憋得难受，想找个人好好聊聊。可是你说我能找谁呢？跟老婆说，她要么自己瞎担心，要么埋怨我是瞎担心。孩子那么小，就更别提了。以前上学时候还有些朋友，后来忙于创业，渐渐地都疏远了。现在各忙各的，我再去找人家来诉衷肠，难免自讨没趣。跟你们说？你们都是我的下属，我说什么你们就得听什么，也不敢插嘴，也不敢反驳，也没什么意思。以前住在老房子的时候，跟对门儿的邻居倒是不错，隔三岔五地跟对门的老张喝喝酒下下棋，也能说说心里话。可后来换了大房子，搬进了新社区，唉，那里的邻居们啊，见到我都跟乌眼鸡似的，也不知谁惹了他们！这是他们仇富啊，还是我这副面相太对不起观众啊！"

说到这里，翟总见赵军欲言又止，便说："你有什么想说的就说吧！没

事儿。”

赵军犹豫了片刻，说道：“老板，其实，这些话我并不知道对不对，只是有时开车去接您，我在车上等您的时候，有些邻居会指着您的车说几句。”

“哦？”翟总坐直了身子，“他们都怎么说？没事儿，你说吧，我倒是很想听。”

“他们说，您的车在小区里车速太快了，下雨天也不减速，容易溅着人，孩子小的家长也不放心孩子在外面玩了。您遛狗的时候不怎么用链子，也让他们很担心。您心事儿多，整天皱着眉，让他们见到您时想打个招呼都难……大概，就是这么多了。”

翟总正想发火，看到赵军嗫嚅的样子，忍了下去。回家的路上，他自省道：在创业之初，他知道想要收获必须先付出，怎么现在却忘了呢？他抱怨邻居不懂得体谅他、关怀他，他怎么忘了自己对邻居们做了什么呢？

这么想着，他绕道去了宠物店，买了一根最粗的狗链；车开进小区时，他立刻放慢了车速；遇到老人或孩子经过，他停下车来等他们过去再开。下了车，他展开自己的眉头，冲每一个遇到的人微笑致意。回到家后，他立刻将狼狗用狗链拴了起来。饭后出去遛狗时，也紧紧地握住狗链，不再让狗四处奔跑。

两个月后，某一个晚上，当他遛着狗在小区里散步时，聚集在路灯下下棋、观棋的人们发现了他，主动招呼他去下棋。他受宠若惊地过去，正在下棋的一位给他让了位，还接过了他手中的狗链：“你下你的，我给你看着狗。听说你棋艺了得，赶紧帮我杀杀老王头的威风。你要赢了他，我请你喝酒！”

翟总开心地笑了，接过老王头递来的、自己以前从不肯抽的低价香烟，悠悠地吸上一口，在众人的围观中，开始了他新的棋局。

故事中的翟总一开始是孤独而可怜的，坐拥巨大资产，却连个可以说话的朋友都没有。再想起对他“虎视眈眈”的邻居，更是苦不堪言。友情不是想得到就能得到的，友谊是需要彼此付出的，一个人单方面的付出是不够的。真正的友情，是1+1=2或1+1＞2，只有双赢、共赢的友情才能持久，才能更好地发展。友谊需要我们共同付出，共同努力，却也要求我们不可强求朋友太多。一个总是计较朋友为自己做了多少事情的人，是无法维持与他人的友谊的。易地而处，如果我们遇到那种总是算计我们、要求我们甚至“剥削”我们的朋友，我们能够长久地忍受吗？因此，我们应牢记“将欲取之，必先予之”这句古训，凡事少问朋友做了什么，而是想想我们能为朋友做什么，当双方都如此真心实意地对待友情时，你就能真切感受到友情的美好了。

61.年轻的兔子不要背上沉重的龟壳

青年人较适于发明而不适于判断；较适于执行而不适于议论；较适于新的计划而不适于惯行的事务。因为老年人的经验，在它的范围以内的事物上，是指导他们的，但是在新的事物上，则是欺骗他们的。

——论青年与老年

青春，是一个诱人的词语；青春，是一个充满魅力的时期；青春，更是一个属于青年人的时代。青年人像那早晨八九点钟的太阳，光芒四射，生机盎然，然而培根认为，青年并不是完美的，有时青年需要老年人的过往经验来帮助自己判断对错，有时又需要自己的思想、个性在纷乱的生活中发现正确的机会，指引自己找到未来的指路灯。

在培根随笔《论青年与老年》中，有这样一段话，“青年的性格如同一匹不羁的野马，藐视既往，目空一切，好走极端。勇于革新而不去估量实际的条件和可能性，结果常因浮躁而改革不成却招致更大的祸患。老年人则正相反。

他们常常满足于困守已成之局，思考多于行动，议论多于果断。为了事后不后悔，宁愿事前不冒险”。即使这篇文章是在几百年前出版的，在今天看来，它内含的深邃思想依旧是犀利和精粹的。我们对老年这一群体的定义，多是认为他们处在人生最消极保守的位置，年岁的增长和体能的退化使他们对生活随遇而安，缺少创造的活力，变得故步自封，甚至泥古不化。然而老年并非只有这些短处，他们的优点在于他们经验丰富、阅历深厚、有见识、有城府、知道世事艰辛，对社会和他人有较深的理解。如果一个人，一方面拥有青年的青春年华，另一方面又拥有老年的经验、阅历，那么他定可以依靠这些为自己创造出一个属于自己的王国。

品仁第三次被老板驳回策划案后，不禁陷入了一种不安的情绪。原本想着自己才华横溢，应当很快就能获得提拔，无论从职位还是薪金上，都全面超越在公司工作了十几年、只会处理琐务的大周；可如今看着大周一连几次的方案都获得了老板的肯定，品仁想：是时候好好想想对策了。

想当初，品仁从重点大学毕业，青春洋溢而富有激情的他，在这家策划公司的招聘中一举夺魁，获得了老板极高的期许。老板对他介绍策划部门的人时，指着大周说：“大周是我们的老人了，业务能力一般，但强在细心专注，平时主要负责处理一些琐碎的数据等。公司要发展，需要注入更多新鲜的血液，因此对你抱有厚望，我相信你的能力。”

对此，品仁也十分自信。他的专业能力，在学校时就是个中翘楚；他的激情、他的创意，从老板的描述看来，与这个大周相比更是判若云泥。如果硬要说两个人是竞争对手的话，那么这一场竞赛，注定是一场“龟兔赛跑”。

然而，他的第一份策划案，立刻让他知道了“天高地厚”。接到老板下发的紧急任务时，品仁当场就在脑海中排列出了他作策划所需要的各种数据。然而，回到部门他却傻了眼——策划部人手不足，想要展开彻底、有效的市场调查，对于只有三天时间的品仁来说，无异于天方夜谭。可是，就在他跑断了腿、还在自己作调查时，他接到了老板的电话：大周已经将老板需要的策划交

了上去，品仁的行动可以停止了。

他垂头丧气地回到公司，向老板致歉。老板没说什么，只是又给了他和大周一个任务。这回，品仁没有再到处调查，而是“闭门造车”，从网络查找各种数据，然后作出了相应的策划。然而，网络上的数据毕竟在时效性和具体性等方面有所欠缺，因此品仁作的策划很难符合公司的要求，自然又被大周的策划书淘汰了。接连两次，年轻的兔子都输了。

第三次策划时，品仁总结了前两次的经验，学习大周，从公司原有的数据库中调取资料，又参照了大周的策划，给出了一份规规矩矩、完完整整的策划书。结果，老板看完这份策划书后，竟然叹了口气，然后让品仁自己回去再好好想想，然后便收下了大周的策划书。

品仁苦思冥想了两天，实在想不到还有什么破解之法。这天快要下班时，老板将他找了过去，又给了一个任务，并且告诉他，这次策划十分重要，关系到公司未来两年的发展方向。

看着品仁犹疑的脸，老板拍了拍他的肩，让他坐下：“怎么，心里害怕了？还是想不通为什么一连三次输给大周？就你而言，你个人最满意的、也算是做得最完整的，是前两天被我退回的那份策划吧？可是，你仔细想想，通篇策划里，有你个人的特色吗？这样一份策划，大周完全可以做到，那么，公司为什么还要聘用你呢？我说过，我们看中的是你的创意、你的冲劲，这是你宝贵的长处。你为什么要放弃自身特点，而被大周那种只懂得总结、整理的工作方式同化呢？年轻人，这次我还是愿意把宝押在你身上。有困难就跟我说，需要人手我给你调，需要经费我给你拨，总之，做回你自己，一定要把这份策划做好！”

品仁听了，犹如醍醐灌顶。随后，他按照自己的想法，罗列出一系列需要调查、研究的项目，老板也一律积极配合。得出各种翔实的数据后，品仁又请教了很多公司的老前辈，吸取了他们的意见，最后根据自己的理念，经过反复修改，总结出一份策划。这份策划，不仅获得了老板的赞扬，后来更是蜚声

业内。

品仁的成功，要归功于他的能力，更要感谢老板那一番点石成金的话。正是老板的点拨，才让品仁看清了问题的根源，让他如释重负，不至于年纪轻轻就背上“乌龟壳”。

冲动、幼稚、片面，等等，这些无疑都是人们爱给年轻人贴上的标签；但是人们同时也承认，年轻人身上还有许多优点，如青春洋溢、活力四射、积极拼搏、永远走在时代的前列、代表了时代的潮流等。那些缺点固然会让年轻人在成功道路上遭遇坎坷，但是那些优点，能够为年轻人在人生的航行中扬起希望的风帆。在这个日新月异的社会，我们周围的一切，每一天、每一刻都在发生变化。作为年轻人，如果我们无法不断提升自身以适应这些变化、跟上这些潮流，我们便注定被生活所遗忘、被潮流所淘汰。那样的境地，更会反作用于我们自身，使得我们对生活失去兴趣，对潮流失去追赶的欲望，从而导致恶性循环，如同一只年轻的兔子背上了乌龟壳，很难再飞扬青春、洒脱任性。年轻的我们，要学会虚心向前辈请教，掌握他们总结出的经验教训，从而使我们少走弯路、远路；要懂得保持自己青春的活力，不可固守年轻的资本，而应不断奔跑，紧追时代发展的潮流。如此，我们才能在时代的汪洋中，将属于我们每个人的航行掌握在自己手中。

人生的过程正如航海，航海中，操纵灵敏的船，一定要有经验丰富的船长和身体强壮的水手。生命中、生活中存在的两代人也要掌握这条命运的航海守则，一同接受生活浪潮的冲击。

62.评价一个人，品德是第一位

对一个人的评价，不可视其财富出身，更不可视其学问的高下，而是要看他真实的品德。

——论青年与老年

评价人与被人评价是生活中的常事，正像俗话所说：谁人背后无人说，哪个人前不说人。在我们生活的社会中，有的人伟大，有的人平庸；有的人聪明，有的人愚笨；有的人富贵，也有的人贫穷，然而我们对一个人的评价却不能只依靠这些。一代哲学伟人培根告诉我们说，“对一个人的评价，不可视其财富出身，更不可视其学问的高下，而是要看他真实的品德”。在中国这个有着悠久历史的文化大国中，古人曾将人分为三六九等，而评价的标准则是人的品德、德行。在我们内心深处的观念中，总认为品德高尚的人是值得崇拜和纪念的，而那些品行恶劣的人，即使他生前有较大的业绩，人们也并不推崇他。

三国时期，人们最崇拜的人物首推诸葛亮。如果单纯比较事业，诸葛亮是个失败的人物，他的“三分天下，匡扶汉室”的愿望并没有达成，然而他“苟全性命于乱世，不求闻达于诸侯”的志趣，以及“鞠躬尽瘁，死而后已”的奉献精神，深深地打动了千百年来的中国人，至今人们仍然在怀念他。和诸葛亮相比较，曹操的事业无疑要成功得多。而且我们客观地说，曹操统一北方，于历史有很大的功绩，为晋朝的统一打下了基础。但中国人历来并不推崇曹操，因其有“篡汉”的野心。魏晋以后的中国人历来对曹操的评价不高，因其未尽臣道，于个人的品行有亏，不足以为后世楷模。

百余年来，越来越多的人开始为千古奸雄曹操鸣冤。他们认为，曹操的一生文治武功，彪炳千秋，历代许多帝王将相都难以望其项背。因此，曹操应该作为正面人物来宣传，而不是被刻画为人人痛恨的“白脸”。从历史功绩、个

人能力来说，曹操无疑是中华上下五千中难得一遇的人才——然而，能力不等于品德，强人不等于圣人，这也是千百年来人们在三国英豪中更推崇诸葛亮、关云长等人的原因。对于强调以德服人、德化天下的中华民族来说，曹操“宁我负人，毋人负我”的品性，无疑很难让其成为国人心中传统的“红脸”。

如果说正确地对待他人的评价是每个人的进修课的话，那么正确地评价他人就是每个人的必修课。想要正确地评价他人，需要我们从不同的角度去审视。

1.公平公正、客观理性

在一些教育产品的广告中，我们经常听见“别让孩子输在起跑线上”这句话。客观地说，每个人的起跑线是不一样的，这取决于他们的先天条件和后天一定时间内的培养。有的人含着金汤匙出生，生来享尽一切便利，拥有可供他们随心所欲施展的舞台；有的人家境贫寒，只能靠自己白手起家，不利的环境犹如独木桥，千军万马中有人坠落，有人摇摇欲坠，有人苦苦支撑，能够到达终点的人，往往要比常人付出更多的艰辛。而即便是同一个家庭中培养出的孩子，兄弟姐妹之间也各有不同，每个人都有自己的特点，不可一概而论。

我们在评价他人时，应牢记公平公正、客观理性的原则，既要心存善意，又要心中有数；既要横向比较，也要纵向比较。例如，对于智力处于中等的孩子，我们不应一直拿他与智力偏上的孩子比较；而应该多注意他本身的进步，及时给予鼓励，如此才能更好地调动他的积极性。

2.言行举止，缺一不可

有调查显示，人与人的沟通，信息的全部表达=7%语调+38%声音+55%肢体语言。也就是说，在沟通中，我们想要了解对方心中真正所想，那么除了他的语言、声调等，我们更要注意观察他的表情和动作。一些看似漫不经心的小动作、微表情，往往更能透露一个人的内心世界。

根据我们眼中看到的、耳中听到的，只要根据科学的方法进行分析、对比，我们就可以判断出眼前的人是实话实说，还是言语闪躲；是心直口快，还

是心机深重。这些，需要我们经过长期的训练，不断地观察、揣摩、学习相关知识，才能收到奇效。

3.褒扬能力，更推品质

纵观中外历史，建功立业却才德有损的人比比皆是。古往今来，人们对于楚汉争霸中两位主人公的评价，很好地诠释了中国人心中的道德标杆。最终获得胜利、建立王业的刘邦，并没有成为后世人们歌功颂德的圣人；倒是兵败身死的项羽，赚尽了世人的同情与慨叹。想那刘邦出身无赖，年轻时贪杯好色，不事生产，终日游手好闲；直到坐上龙椅，品行也不改往昔“风采”，仍旧十足无赖。而项羽少有大志，爱憎分明；垓下之围泪别虞姬，乌江之前挥剑自刎，他的忠贞和宁折不弯，在此刻得到了淋漓尽致的表现。曹操“割发代首”，刘邦的逃亡之际数次推妻儿下车，这种种行为，在豪气干云的项羽面前，立显高下。中国人常说“成者王侯败者寇”，无数的史书也证明历史是由胜利者书写的，然而尽管如此，千百年来，对于刘项二人的评价，在功绩方面，人们肯定刘邦建立大汉，也不忘项羽推翻暴秦；而在品德方面，人们对于项羽的推崇与怜惜，则是刘邦难以企及的。

那么，对于刘邦和项羽，现代人应该怎样评价呢？有一种观点认为，应该给予项羽更多的歌颂。在争霸大业上，项羽虽然失败了，但是他的失败是英雄的失败，是无畏的失败，他的品德比他的成就更能让人信服，可以说，历史对项羽的评价并不比刘邦逊色，西楚霸王虽败犹容！至此，我们可以联想，如果一个人既没有很大的事业，又缺少应有的美德，那他的一生就太可悲了，他是不应该得高分的。现实社会的情况虽然发生了很大变化，但道理基本上是一致的，即对一个人的评价，应把品德放在第一位。

63.读万卷书，行万里路

游历在年轻人是教育的一部分；在年长的人是经验的一部分。

——论游历

在我国，直至宋代以前，中国的士人都是十分讲究游学的。孔子曾带领众多弟子周游列国，既锻炼了弟子的品质，又使弟子的学识得到增长。至有唐一代，国风豪壮，文人大多以“读万卷书，行万里路”要求自己。李白仗剑出川，便是唐代文人游学的一个典范。而在世界各国，游学也是一种传统的学习、教育方式。我们耳熟能详的意大利旅行家马可·波罗在中国的游学历程，便证明了这一点。

徐霞客，名弘祖，字振之，号霞客，是明代著名地理学家和旅行家。他对于石灰岩地貌和溶洞的考释，堪称举世第一人。

徐霞客在完全没有政府资助的情况下，从22岁起，历经三十余年，先后游历了相当于今天的江苏、安徽、浙江、山东、河北、河南、山西、陕西、福建、江西、湖北、湖南、广东、广西、贵州、云南以及北京、天津、上海等十九个省、市、自治区。在交通如此便利的今天，我们想要凭一己之力完成上述的游历，尚属不易，更何况是在交通不便的明朝。大多数时候，徐霞客能依靠的交通工具只有自己的两条腿，这实在让人不得不惊叹。不仅如此，他还要背着行李，而他所考察的地方，多是穷乡僻壤或崇山峻岭，一路的艰辛，我们甚至可以透过文字体味一二。

在游历中，饥疲交加已是寻常，遭遇虎狼亦是常事；更可怕的是，他还曾四次遭遇彻底断粮、三次遇强盗，可谓几经生死。1636年，徐霞客已经51岁了，当时的他，正处于第四次游历中。这一次的考察目标，是两湖、广西、云贵等地。然而，他还没走多远，就在湘江遇到了强盗。他和同伴的行李、路费全被抢走，争执中同伴被强盗所伤，而徐霞客为了脱险，跳入水中，也差点见了龙王爷。经过的人怜悯他的情状，便劝他回去，且愿意赠他路费。对此，徐霞客一口回绝了，他说："我身上带着铁锹，处处都可以成为埋我的坟茔。"说完，他辞别了众人，继续赶路。一路上不断用身上所剩之物，如绸巾、衣衫等去换粮米充饥、换旅费前行。就这样，历经了千难万险，他终于完成了这一次游历。

徐霞客最大的贡献，在于对他所观察事物的记录。在长期的考察游历生涯中，徐霞客笔不辍耕，坚持每天记录下自己的经历和考察所得。三十余年的光阴中，他写下了两千多万字的游记。可惜的是，这些游记大部分散佚，现存的《徐霞客游记》，仅占其全部的1/50。尽管如此，这40万字的著作，依旧为后人留下了珍贵的遗产。为了纪念他的伟大成就，人们还将《徐霞客游记》的开篇之日5月19日定为中国旅游日。

在世界上，从来没有不劳而获的东西，付出的代价越多，收获也就越大。徐霞客艰苦卓绝的地理考察活动，终于结出了丰硕的科学成果，这在今天看来，是非常值得年轻人学习的。因此我们可以看出，游历不同的国家和地方，探访不同文明的历史，有利于年轻人更好地认识人类的现在和未来；体验不同的文化，有利于更深切地认知自己的民族和国家；游历世界的经历，有利于年轻人视野的开阔，引导青少年积极参与社会实践，了解国情民生，感知时代脉搏，培育动手能力和创新能力，陶冶情操，修养品格。

游历对于年轻人的成长是非常重要的，远远胜于只读书。一个人只有常接触大自然，经常接受优美风景的洗礼，他的心胸才会更宽广，才不会变得自私狭隘，"两耳不闻窗外事，一心只读圣贤书"，这种仅仅注重书中获取的知识是不够的，况且"纸上得来终觉浅，绝知此事要躬行"。只有亲眼领略山河之美，才能更深刻地感知祖国的强大，民族自豪感才会油然而生。古今集大成者，无不是"读万卷书，行万里路"，只读万卷书者，也许见识宽广，但终不如行万里路者体会深。

64.好的仪容对我们大有裨益

一个人若有好的仪容，那是于他的名声大有裨益的，并且，正如女王伊萨伯拉所说，那就“好像一封永久的荐书一样”。

——论礼节与仪容

我们常说的仪容仪表是指人的外表，包括人的仪容、姿态、服饰、风度等，优雅得体的仪表能够增强人的自信，从而以奋发、进取、乐观的心态，去面对现实，处理人生所遇到的各种问题。美国成功学家拿破仑·希尔曾说过，“一个人能否成功，关键在于他的心态。”成功人士都有一种积极的心态，而仪表正是这种积极心态的外在表现。培根也肯定了仪容对我们的重要作用，他说：“一个人若有好的仪容，那是于他的名声大有裨益的，并且，正如女王伊萨伯拉所说，那就‘好像一封永久的荐书一样’。”

汤姆是个头脑灵活而处事机敏的小伙子。大学毕业后，当其他同学还在没头苍蝇似的投简历时，他已经找到了自己成功的“秘诀”。

首先，他用自己的大学毕业证，到银行去申请了一份创业贷款，得到了5000美元。虽然创业贷款的利息远远低于其他商业性贷款，但汤姆的同学还是纷纷表示：你疯了，万一还不上可怎么好！对此，汤姆笑了笑，便来到了一家蜚声海内外的西装店，并指名让店中手艺最好的老裁缝为自己量身定做四套高档西装。然后，他又去了高级品牌店中，购买了一些衬衫和领带。一切置备齐全后，汤姆的创业贷款，已经所剩无几了。

然而他并不担心。他所做的，只是每天早上穿上一身昂贵的套装，然后在一个固定的时间、固定的地点“偶遇”一位叫作杰克逊的出版商。两人“偶遇”后，汤姆会微笑着对他点头致意，偶尔也会主动寒暄两句，然而便分道扬镳。之所以这么做，是因为汤姆明白，在这个商业社会，真可谓“佛看金装，

人看衣装”，人们往往会根据对方的衣着来判断对方的经济能力，进而判断其个人实力。一件不菲的衣衫，等同于告诉他人：我很强。

果然，不出半个月，出版商就乖乖地进入了希尔的“圈套”。他在汤姆与他寒暄后并没有道别，而是与汤姆攀谈起来。他恭维汤姆的生活状态，并探听汤姆的职业。汤姆内心的喜悦浮现到脸上时，变成了一个淡淡的微笑，他对于出版商的恭维不置可否，只是简单地表示自己最近正准备出一本关于成功学的杂志。

出版商立刻表明了自己的职业，并表示希望能获得与汤姆合作的机会。

就这样，汤姆达到了他的目的。在接下来的细节磋商中，他还十分“慷慨”地答应出版商，可以由出版商提供资金，且不收利息。

在当时来说，出版一般杂志，至少要数万美元的投入。手握5000美元创业基金的汤姆，巧用了几套昂贵的衣服，就此打开了自己创业生涯的大门。

汤姆的成功很有力地证明了仪容对人们事业所起的巨大作用，如果他不注重自己的仪容，只是以自己的本来面目去见出版商，那么那位出版商肯定连看都不愿看他，更不会帮他出版杂志了。

我国素有“文质彬彬，而后君子”的古训，在人际交往中，好的仪容就像一张没有文字却形象生动的名片，能够给人带来良好的第一印象。世上早有“人靠衣裳马靠鞍”之说，一个人的仪容得体，衣装整齐，无形中就把自己的地位提高了，而且在心理和气场上都会增强自己的信心。我们不能责怪世人“以貌取人”，人皆有眼，人皆有貌，衣貌出众者，谁不另眼相看呢?

美国著名心理学家雷诺·毕克曼曾经利用纽约机场和中央火车站的电话亭作了一个有趣的实验。

他在电话亭的显眼处，放了一枚硬币。待有人走近电话亭后，等待2分钟左右，便派两种人去敲门询问：“抱歉，我刚才在这里丢了一枚硬币，请问您看见了吗？”这两种人，就外貌、体格等特征来说并无很大差别，唯一的差距就是衣着。一组人衣衫整洁，另一组则衣着寒酸。

结果表明，当衣衫整洁的人询问时，电话亭中的人退还硬币的概率为77%；当衣着寒酸者询问时，电话亭中的人退还硬币的概率则只有38%。

对此，通过后续的跟进调查和总结，雷诺·毕克曼给出了答案。当面前出现询问自己的人时，人们会根据对方的仪态、衣着等产生笼统的第一印象。面对衣衫整洁的人，被询问者下意识就会认为对方跟自己说的话很重要；而面对衣着寒酸的人，因为不想与其更多接触，被询问者往往在还没有听清对方话语的时候，就断然开口拒绝了。

仪容对我们的影响非常大，大多数人对别人的第一印象，都是由仪容开始的。得体的仪容仪表就像一种无声的语言，不但能给对方留下一定的审美观感，而且还能反映出你个人的气质、性格、内心世界。一个不讲究仪表、对衣着缺乏品位的人，势必会影响到他的工作生活。因此，你若想成为一个成功的人，从现在起，请注重自己的仪容。

65.不要让自己拉低了社会的文明底线

要得到好的仪容，只要不渺视它们就差不多行了；因为一个人只要不渺视仪容，他自然会从别人身上留心观察这些事的；其余的让他自己相信自己就行了。

——论礼节与仪容

自古以来，我国就有注重礼仪的优良传统，在历史的长河中，涌现出的许多杰出人物都是提倡礼仪、重视礼仪的典范。两千年前的古人孔子曾经为推行“礼治”而奔波一生，他认为“礼和仪是统一的，礼是根本的，仪是从属的”。而我国老一辈的先烈伟人，在为人处世之中，在讲究礼仪方面，也都是率先垂范、以身作则。受人敬重的周总理就是其中一个光辉的典范。他的一言一行、一举一动，不只是在礼仪方面为人表率，而是表现得得体适度、风度翩翩、令人倾倒，他曾不止一次地被外国政治家们称为“做人的楷模”“真正有教养的中国人”。

有些人认为：穿着打扮是自己的私事，没有必要特别注重，其实这是片面之见。对于大多数在社交场合纵横的人，仪表的作用至关重要。常言道：“质于内而形于外。”文化素质高、气质超群的人，往往懂得如何修饰自己的仪表。在美国，曾经有一位行为学家作过一个实验。他在同一地点，以不同的仪表出现在他人面前时，得到了差异巨大的回馈。当他打扮成一个仪容整洁、风度翩翩的绅士时，每一个与他接触的陌生人都对他彬彬有礼，十分有爱。当他打扮成一个衣衫褴褛、穷困潦倒的流浪汉时，愿意与他接触的，基本都是一些无业游民。古人说“人不可貌相，海水不可斗量”，我们明白其中的弊端，也时刻在提醒自己不可以貌取人。但在现实的人际交往中，人们大多数时候还是会无意识地以对方的仪表作出判断，进而形成第一印象。并且，从一定程度上来说，一个人外在的仪表，也是能部分体现出其内在品质的。

培根在其著作中，对不注重仪容的人有这样的指点：“要得到好的仪容，只要不渺视他们就差不多行了；因为一个人只要不渺视仪容，他自然会从别人身上留心观察这些事的；其余的让他自己相信自己就行了。”他在劝导那些不注重仪容的人，将目光放长远，不要让自己拉低了社会的文明底线。

大马一直自诩是个纯爷儿们，平时对于仪表、举止不甚讲究。冬天图方便，穿着居家的睡衣睡裤就出门买东西；夏天图凉快，穿着背心裤衩就满大街晃悠。有时在外面走得热了，他要么把背心掖到胸口，要么直接脱了搭在肩上，赤膊行走。

这天，又是三十几摄氏度的高温，大马走热了，二话不说便撩起背心，挺着肚子继续走。走到一半，发现路上正有几个工人，在冒着酷暑工作。他走上

去，好心提醒道："哥们儿，这么热的天儿，可别中暑啊！你看你们还穿着这么厚工作服，脱了，光着膀子干，那多凉快！"

建筑工人用毛巾擦了擦汗，憨厚地笑了："公司不让脱啊，说不好看。我们也不敢脱，到了城里要讲文明，咱给城里人的文明破坏了就糟了。"

听了这话，大马的脸唰地红了。他讪笑着又寒暄了几句，赶紧折回家中取了一件短袖衬衫穿上，这才重新出门。从这以后，大马开始注意自己的仪容举止，每次出门前，也开始习惯在镜子前照一照。有时妻子不习惯他的改变，跟他开玩笑，他便答道："那几个民工兄弟给我好好上了一课。我这出门时衣着整洁，不光是自己不丢脸，也是尊重别人，免得影响社会的文明。"

人类是群体性、社会性的动物，人类的很多行为，如仪表、行为等，很难再说属于私人范畴。一个人的着装是否整洁，显示着他本身的素养，更影响着整个社会的文明。在以前，有些人不太讲究，经常穿着睡衣、拖鞋出门办事；有的男士贪凉，赤膊外出；有的女人选衣不合体，导致衣领太低等，这些都或多或少地影响着社会的文明程度。可喜的是，现在已经很少再见到衣着、仪容不得体的情况了。其实每个人都知道仪表端正体现了一个人的内存修养、自尊心和品位格调，也都知道这是对交往对象的最大尊敬。

总而言之，仪表是打通人脉王国的通行证，一个仪表端正的人在社会中行走，得到的是众人的鲜花与掌声；一个仪表不端的人只会受到别人的鄙视与嘲讽，自己也不会在大庭广众之下昂首挺立，当然也难以获得足够的自信。

66.成大事者不拘小节

有些人的举动好像一行诗，其中的每个音节都是数过的；这样一个过于分

心在小节上的人如何能理大事呢？

——论礼节与仪容

我们常说："成大事者不拘小节。"从古至今，有许多成就伟业的英雄豪杰，就是因为懂得取舍、不拘小节，使得其有限的精力放到了合适的地方，发挥出了无限的作用，从而取得了最终的成功。《史记·鸿门宴》中说："大行不顾细谨，大礼不辞小让。"强调的也是为人要懂得取舍的道理。

《史记》中还曾经记载了这么一个故事：某宰相乘轿上朝，轿子在中途被人当街拦下。仆人询问后，得知是有人在聚众斗殴，并且出了人命。对此，宰相不闻不问，只命轿夫继续前行。没走多远，宰相突然发现一头耕牛倒在路旁，大汗淋漓。宰相大惊，赶紧喝止轿夫，让仆人去打探。仆人对此疑惑不已，不明白宰相为什么不管人命，反倒关心耕牛出汗。宰相答道："聚众斗殴，死伤人命，自有当地县衙去管。县衙管不好，我自去处置县衙。耕牛大汗却非比寻常。如今尚是早春，天寒地冻，耕牛却大汗淋漓，这表明时令可能有异变，致使国家的农业受损。而这些，才是我的责任。"

故事中的宰相，面对仆人眼中的"大事"和"小事"，分别给出了"不理不睬"和"小题大做"的应对方式。仆人眼中的"大事"和"小事"，对一国之相来说蕴含着不同的意义。聚众斗殴以致死伤人命，这是个人恩怨，往大了说也不过是地方性的冲突，自有负责地方治安的官员去管理；而耕牛大汗，背后则可能隐藏着气候问题，将直接影响到全国的农业收成，对于以农为本的古代中国来说，这种全国性的重大事件，才是宰相需要关注、处理的问题。试问，如果一个宰相事无巨细，不论大事小事都事必躬亲，他又哪来那么多的时间与精力，将每件事都处理妥帖呢？此外，从宰相的角度来说，其实斗殴死人和耕牛大汗都是小事，是他所办大事中的小节，但这两种小节的不同在于个别斗殴事件对于宰相所要管理的全国大政没有必然的逻辑关系，而耕牛大汗则直接影响到国家的发展大计。我们说的成大事者不拘小节，这里的小节，是指那

些与我们所谋的大事无关紧要的琐碎小事，而不是任何一件小事。

培根在《论礼节与仪容》一文中，曾对“小节”有这样的观点：“有些人的举动好像一行诗，其中的每个音节都是数过的；这样一个过于分心在小节上的人如何能理大事呢？”有些人不认同这个观点，他们认为小心细致地对待小节才是成大事的基础，其实，这是因为他们很大程度上已经把“小节”误解成“细节”了。

小节不等于细节，这是我们必须牢记的。一件事物被称为小节，是依据它与我们所谋之事的相关程度来定义的。而细节，是我们所谋之事的组成部分，我们常说，每一件大事，都是由一个个细节组成的。如果把我们所谋之事比作一棵大树，那么小节就是这棵树上的旁枝末节，无关紧要。而细节则是这棵大树的树根，缺少了一条，都有可能对树的成长造成不利；而若没有它，树便也不复存在。换而言之，小节与细节的根本不同，就是小节不会对事物的发展走向产生重大影响；而细节，则可能对事物的发展起到决定性的作用。因此我们说的不可舍本逐末，绝不是让大家忽视细节。

古往今来许多成功者，都是奉行“成大事者不拘小节”这一观点的典范。越王勾践战败以后，甘当夫差奴隶，甚至亲尝夫差粪便以示忠心，借此获得夫差信任，终得回国。他十年生养，十年教训，卧薪尝胆，发愤图强。他以亡国之败为耻，但追求大业的他只是以此来激励自己，将这种耻辱看作“小节”，而没有让它压垮自己。他的成功，便得益于他的胸怀。韩信乃西汉开国大将，军功赫赫。但若当年他拘于小节，不肯受胯下之辱，或受辱后一门心思全在报复上，那又何来他日后的显赫呢？爱因斯坦经常衣衫不整，顶着一头乱发，他将所有的时间和精力都用在科学研究上，因此提出了相对论。与他们相对的，便是千百年来引无数人扼腕叹息的诸葛亮。他一世英才，事必躬亲；数次北伐，却未见功成。壮志未酬，身心俱疲，最后饮恨逝去。后世人们对于他的“事无巨细”，提出了不同程度的批评。这般的不懂取舍，又怎能处理好所有的军中要务和国家大事呢？

这些事例都告诉我们，若要成大事，就应不拘小节，现实存在的事物包含多种矛盾，人不可能全面顾及，因此只有明确“大事”的重要地位，不拘泥于小节，才能将大部分精力投入到“做大事”的过程中，才能减少细枝末节小事的阻碍，才能更快地获得成功。

67.过于注重小节是在浪费精力

在事务中过于多礼或者过于注重日时小节也是有损的。所罗门有言：“看风的人将不能下种，看云的人将不能收获。”智者造机会。人们的举止应当像他们的衣服，不可太紧或过于讲究，应当宽舒一点，以便于工作和运动。

——论礼节与仪容

人的精力是有限的，这就要求我们在做事时必须将精力集中于该领域，正所谓心无旁骛。有的人误将小节理解为细节，行事时将过多的精力与心血花费在一些无关紧要的琐务上，导致对原本所谋的大事造成掣肘。事实上，古今中外，无论哪个领域，很多获得成功的人，都是主动舍弃小节的人。他们眼光独到，见解深远，在谋求某件事物时，能够清楚地判断出哪些是小节，哪些是要务，而后便合理地分配自己所要投入的时间与精力。正是他们对于全局的把握，使他们较之旁人更容易成功。

过于注重小节会对人们造成负面影响，这是因为它局限了人们的视野，消耗了人们的时间和精力，荒废了真正重要的事业。试问如果一个人终日为琐事焦头烂额，拘泥其中难以自拔，又如何去做其他事？当然，我们并不认为所有成功人士者都是一心只搞研究，两耳不闻人间事的呆子。他们同样要照顾自己

的生活起居，但是，在做自己事业的同时兼顾生活并不等于拘小节，因为他并没有拘泥其中，在这些事情上花费过度的时间和精力而不能自拔。

美玲和瑞风刚结婚半年，小两口就为日常开支发起了愁。

两人都是工薪阶层，工资都不多。虽然两人在钱财方面都本着节俭的原则，但刨去家庭正常的开销用度，美玲的化妆品和新衣服是不能断的，瑞风时常出去交际应酬的钱也是不能少的，因此家中的钱时常捉襟见肘。

这天，瑞风劝美玲开始记账。只有先知道在哪儿花了多少，才能知道在哪儿可以省下多少。美玲从小就和数学“结仇”，学校毕业后，简直连基本的加减法都不愿意做，瑞风让她记账，她虽不愿意，也只得听从。但是，为了便捷，她从来不计小数点后的数字，直接四舍五入，也就是说，她的账只记到“元”，而绝不过问“角”。

瑞风总觉得她这样记账不靠谱，毕竟很多时候几角几角地凑起来，没注意就上百了。然而，到了月底，他和美玲汇总了剩下的钱，他又仔细算了算账本，竟然发现最后得出的数字，和两人这个月的精确花费相差不过几元。

相信我们在看到故事的一半时，也像瑞风那样觉得这样记账等于没记，这种毫不精确账目根本不能说明问题，然而，结果却让我们大跌眼镜。从某种意义上来，瑞风是个完美主义者，他希望账目能够清楚明白，每一条都精确到分。然而，对于“仇视”数字的美玲来说，让她记下早点5元、口红48元、买菜共计12元，比让她记早点4.5元、口红47.9元、买菜共计12.36元更容易记住、记对。表面上来看，琐碎的数字固然能使账目更加清晰明朗，却会让美玲的记忆出现偏差，从而导致账目更加混乱。一个简单的四舍五入，实际上避免了很多的麻烦，提高了美玲这本账的精确率。

由此我们可知，过于追求尽善尽美，就很难免拘于小节，而过于拘于小节，精力会分散消耗过多，反而影响了大目标的实现，就像培根说的：“在事务中过于多礼或者过于注重日时小节也是有损的。”因此，我们在做事情的时候，需要具备一些故事中那个家庭主妇的洒脱和果断，摆脱不必要的小节纠

缠，这样才有助于提高做事的效率和成功率。

68.注重小节和礼仪，努力提高修养和素质

全不讲求礼仪就等于教别人也不要讲求礼仪；结果是使人对于自己减少尊敬之心；尤其是在与生人交往或办理正事的时候更不可不讲礼节；但是专讲礼节，并且把礼节推崇到比月亮还高的地位，那不但是繁冗可厌，并且要减少人家对言者的信任了。

——论礼节与仪容

礼仪是人类为维系社会正常生活而要求人们共同遵守的最起码的道德规范，它是人们在长期共同生活和相互交往中逐渐形成，并且以风俗、习惯和传统等方式固定下来。对一个人来说，礼仪是一个人的思想道德水平、文化修养、交际能力的外在表现，对一个社会来说，礼仪是一个国家社会文明程度、道德风尚和生活习惯的反映。而我们这里所说的小节，是指人的言行举止的外在表现，往往通过一举一动所袒露。

小节和礼仪之间有必然的联系，注意小节的人，就非常注意礼仪。反之不注意小节的人，就不注意礼仪。要说小节和礼仪，严格讲起来不是小事情。古人说过：勿以善小而不为，勿以恶小而为之。我国古代一位思想家说过：人无礼则不生，事无礼则不成，国无礼则不宁。因此，当我们评价一个人的修养和素质如何，看他是否注意小节和礼仪就是其中一个重要的标志。

注重小节与礼仪，不仅是个人素质、教养的体现，也是个人道德和社会公德的体现。我们身在社会中，身份、角色在不停地变化。我们这一刻讨厌

别人，下一刻往往成了别人讨厌的对象。这些无非都是“不拘小节”的行为所致。

当我们身为游客的时候，总是依着自己的兴致，随地吐痰、吐口香糖、踩踏草坪、在文物上乱写乱涂；当我们是市民的时候，又对随地吐痰、乱写乱画的现象深恶痛绝。当我们是行人的时候，往往是怎么就近就怎么走路，管他有没有红灯，管他有没有人行道，讨厌那些不按规章开车的人；当我们开车的时候，总是抢车道、夹塞儿、占非机动车道，讨厌那些在马路上乱闯的行人。当我们是消费者的时候，经常把个人的怨气往服务人员身上撒，还总说他们态度不好；当我们是服务人员的时候，又总是把个人的情绪带到工作上来，却总怨顾客太挑剌。

随着社会的发展和进步，人们的精神需求层次和自我认知价值的越来越高，就越来越希望得到理解、受到尊重。毫无疑问，在当前的形势下，礼仪已不是个别行业、个别社会层次的需求，而是全民所需。

第一，为什么要注重小节和礼仪？

从哲学观点上讲，小到大，是量变到质变的过程。一个人素质的提高也是如此，通过后天的学习，逐渐地积累，不可能一蹴而就。古代曾有“一日三省吾身”的说法，现代人更有加强修养的要求。

第二，怎么养成注意小节和礼仪的习惯呢？

这里所提倡的注意小节和礼仪，并不是要求大家对对方毕恭毕敬，但是我们也需要一定的规范。关于这点，培根曾指出：“全不讲求礼仪就等于教别人也不要讲求礼仪；结果是使人对于自己减少尊敬之心；尤其是在与生人交往或办理正事的时候更不可不讲礼节；但是专讲礼节，并且把礼节推崇到比月亮还高的地位，那不但是繁冗可厌，并且要减少人家对言者的信任了。”因此，养成注意小节和礼仪的习惯十分重要，那么我们应该怎么做呢？

1.养德需要学习，腹有诗书气自华

学习的过程是很重要的，因为知识的沉淀可以使人举止得体，谈吐儒雅。

学习可以是多方面的，自己可以看看书，看看好的文艺节目，都可以熏陶自己。还可以利用休假行万里路，通过看各地的风土人情，取长补短。总之，通过学习让我们明荣辱、辨是非，矫正我们不规范的举止，使我们向有素质的人迈进。

2.养成自我总结的习惯，做到自尊自省自重

古人有一日三省吾身的做法，就是自觉回顾每一天的生活，哪些做对了，哪些做错了。学如春园之草，不见其长，日有所增。当然，我们还达不到古人的修养，那我们还可以遇到较大的事后，反思一下吧。我们有哪些做得对的，又有哪些做得不对，或者是做得不够理想。反思是可以使我们进步的重要途径。

3.善于观察分析，要在批评中吸取营养

人非圣贤，岂能无错。你一辈子会听到很多的批评，可能是针对你，更大量是针对别人的。为什么有的人，一辈子很少被批评，就是这种人，听到批评后，吸取了教训，不再犯类似的错误，所以他没有受到类似的批评。海纳百川，有容乃大。千万不能小心眼，讳疾忌医，怕批评，那样就会把小问题弄大了。就像小树一样，小杈不打，最后长成歪脖树了。

69.心灵之美是永恒的

美有如夏日的水果，易于腐烂，难于持久；并且就其大部分说来，美使人有放荡的青年时代，愧悔的老年时代；可是，无疑地，假如美落在人身上落得得当的话，它是使美德更为光辉，而恶德更加赧颜的。

——说美

美是一种集体貌、装饰、修养、举止和气质于一体的吸引力，是内在美和外在美的完美融合。俗话说，岁月不饶人，在不知不觉中，青春的美渐渐消逝，这给世间众人平添了许多失落与惆怅，但有一种美丽是永恒的，那就是人们心灵之美。

心灵之美，是一种积极乐观的生命追求，一种不是做给悦己者欣赏的，而是人们自己可以独赏又可以与人分享的，发自内心的快乐和幸福。看过《简爱》的人都知道，书中的女主人公简爱是一个懂得倾听心灵的人，她知道什么才是美，什么才是真正值得珍惜的，她向生活索取得很少，就像长在一泓清水中的孤莲，有尊严地活着，从而绽放出最清纯最高雅的花朵。虽然她没有美丽的外表，高贵的形象，虽然她贫穷、低微、矮小，但她勇敢坚定地相信："我和你的灵魂是平等的。"简爱是美丽的，是她让我们懂得，只有美丽的心灵才是世界上最鲜艳的花朵，不屈的精神才是世上最伟岸的高山。

诚如培根所说，"美有如夏日的水果，易于腐烂，难于持久；并且就其大部分说来，美使人有放荡的青年时代，愧悔的老年时代；可是，无疑地，假如美落在人身上落得得当的话，它是使美德更为光辉，而恶德更加赧颜的。"五官长相，身材高低，都是与生俱来的，人们不应当把容貌当成美丽的中心，美丽不在于浮华的外表，真正的美丽是温婉可人的资质，是喧嚣中的晶莹品性，是灵动却不嚣张的才情，是永不褪色的高尚品德。外在美会随着时间的流逝褪色，而内在美是经久不衰，魅力永存的。

火遍亚欧大陆的韩国励志电视剧《大长今》中女主角长今，并没有倾城倾国的姿色，在"美女遍布天下"的现代社会，长今的美只能算"一般"。她之所以能深入人心，成为红得发紫、妇孺皆知的女性，是因为她具有非凡的智慧。这种智慧，赋予淳朴女子长今一种任何人都无法模仿的内在美；这种智慧，赐给柔弱女子长今以巨大的力量，这种力量，让她改变了自己不幸的命运。长今谱写的辉煌人生，是她凭借女性的智慧争取到的。

长今出身贫困，没有与生俱来的才华，也没有条件上学堂学习，她的知识是在现实生活中一点一滴地学来的，她取得的每一点成就都是通过个人不断地努力而取得的。让人感触最深的是，长今的智慧处处闪耀着人性的光辉：为了追求美好纯真的未来，她在逆境中努力拼搏，不断地学习，不断地忍辱负重，坦诚地面对现实，面对任何人。

长今还有着极强的专业性学习能力，比如她对文学、医道和膳食的专注和研究，尤其是不顾性命危险帮助平民百姓，救治传染病人的大无畏精神非常值得称道。这就是智慧改变命运的最好例证。智慧不仅让长今拥有了安身立命的根本，还使她能够在遭受误解、陷害和打击时，绝处逢生，让她在充满危险争斗的环境里生活了下去。同时，长今对任何人都很善良、宽容，对爱情执着、坚贞不屈，这些女性美德和足够的善良、宽容，都是智慧的化身。

从长今身上，我们看到的不仅仅是一个医道精湛的医女，一个擅长做膳食料理的女厨师，还是一个人人学习的榜样。作为医女，她全神贯注于患病者的痛苦和康乐，她的坚强、乐观、单纯和专心，她永远不为权势所利诱，不畏所谓权威的影响，不断发现和解决新的问题，不断挑战困难的精神，感化了周围的人，人们被她高尚的人格和智慧征服了……这其中也包括了她的敌人。

因为长今身上具备了这种智慧，才让她柔弱的女儿身变得强健有力，正是这种温柔的力量，让她在集中了最优秀的人才、最错综复杂的利害关系、最能考验人的智慧与胆识的宫廷中脱颖而出，成为胜者。在长今险象环生的人生路上，她以女性的坦诚、柔软、单纯与宫廷的威严、强大、复杂，相互制衡又相互影响。可以说，长今是一位集所有美德于一身的女子，她充满传奇而又圆满的人生，因为智慧而瑰丽多彩。

漂亮与内在美的区别在于，漂亮指的是外貌，内在美指的是气质；美丽的容颜会随着时光流逝而憔悴，内在美的气质却因美德而永葆青春。智慧赋予人们的美，经过岁月的洗礼，会变得更加成熟、楚楚动人。

也许你不够漂亮、不够英俊；也许你怕别人说你容颜渐去、说你老态龙钟。这些都不重要，心灵美才是真正的美丽，完美的人生需要美丽的心灵。尊重自己，尊重他人，从心灵开始，做一个真正美丽的自己。

70.健康之道贵在养生

养生有道，非医学的规律所能尽。一个人自己的观察，他对于何者有益何者有害于自己的知识，乃是最好的保健药品。

——论养生

人生最宝贵的是什么？——生命！

生命最珍贵的是什么？——健康！

健康最可贵的是什么？——养生！

关于养生，大家肯定有不同的答案，年轻的人会说，“养生是老年人的事，与我无关”，其实这是错误的观念。现代社会在高速发展的同时，自然环境也被污染，快速的生活节奏，巨大的工作压力，让很多年轻人都身患疾病甚至英年早逝。也许你会说，养生是病人的事，身体健康的人不需要养生，这也是错误的观念。很多人由于生活习惯、工作的关系，身体始终处于亚健康状态，所以，没病不等于健康，但遗憾的是，很多人并没有认识到这点。

张宁，女，32岁，促销员

张宁每天都忙忙碌碌，加班加点是家常便饭，周末也不能休息。“我觉得自己就是上紧发条的机器，要不停地转。”张宁无奈地说。

25岁之前的张宁，过着潇洒的月光族生活，根本不知道什么是压力，觉得无论什么困难都有父母顶着。可25岁那年，父亲得了腰间盘突出，不能干重活；母亲心脏不好，也不能累着。那一年，张宁刚结婚一年，并且生了孩子，生活压力一下子大了起来。“每天都要算着钱过日子，恨不得把一分钱掰成两半花。”张宁苦笑着说，“上有老、下有小，为生活，就得拼呀！特别是不能苦孩子，不能让他输在起跑线上”。

“自己还年轻，一切还顶得住。”张宁握了握拳头，无奈地笑了。

赵晓良，男，33岁，自由职业者；张涛，男，26岁，公司职员

网上查阅资料、网上种地偷菜、QQ聊天、打网络游戏……随着互联网的普及，网虫们也越来越多。可您是否知道，一种名为“网络依赖”的病症正以极快的速度袭击越来越多的人们。“网上很精彩，我怎能离开？”用自称资深网虫赵晓良的话说，现在，他一时一刻也离不开网络。“饭可以不吃，觉可以不睡，但网必须得上。如果离开网络，我会魂不守舍的。”赵晓良说，因为上网，爱人和他吵架无数次，甚至还动过手。“其实，我也知道痴迷网络不好，可我就是离不开。”赵晓良说。

张涛和赵晓良一样，对网络的痴迷程度，近乎达到了忘我境界。张涛特喜欢打网络游戏，每到周末，除了吃饭、上厕所，他都会盯着电脑屏幕，在网络世界里勇者无敌，消灭一个又一个“敌人”。“这非常有成就感！”张涛的眼睛红红的，一看就知道前一天晚上又熬夜玩游戏了，“每次，我们几个朋友都相约一起玩，特别刺激！”其中对身体的诸多危害，张涛觉得都是小意思，趁着年轻，享受生活才最重要！

李静，女，32岁，私企行政人员

“首先在自己懒，再加上工作忙，早上不愿起，弄早餐又太麻烦，对付对付算了，更多的时候干脆不吃！”近五年间，李静一直都是这种饮食习惯。中午去外面吃最喜欢的麻辣烫、酸辣粉、米线，晚上下班回家才好好做顿大餐。

“三餐不规律！确实不太好！但我们正年轻力壮，没事！”李静说，平常有些小病小痛，能扛就扛过去了。“去医院，排半天队，花一堆钱，不值！”

早饭马虎，中午对付，晚上大吃大喝，这是许多李静们的日常饮食状态。

而“年纪轻轻身体不会出现大毛病，即便是身体出现了不适，也能扛过去”更是许多李静们的心声。

以上这三类生活，你有没有找到自己的影子？

虽然说年轻是一种资本，但我们不能盲目地把这种资本当成健康的代价。诸如工作需要、生活压力大、喜欢网络，都不是让我们养成不良生活方式的理由。近来，国人猝死的新闻频频涌现：杭州淘宝女店主，28岁的浙江卫视当红新闻主播梁薇秋，东南大学年轻教授陈志明……猝死为何盯上了年轻的生命？一个又一个真实案例难道还不能让我们警醒吗？

有人说，我忙！没有时间！这是一种自欺欺人的话。举个例子来说，我们的身体好比一辆驰骋天下的汽车，但是当你一直加班、熬夜，超负荷地使用它却不给它保养，直到这辆车不能发动了才去修，那么，修理好了的汽车，怎么样也不会恢复到刚开始的状态。就如人的身体，如果人生病了，即使治好也总会有点后遗症。所以，人在健康时也一定要注意保养，养生是健康之道的重中之重。

健康的身体是最好的本钱，如果没有了健康，没有了生命，金钱、地位、权力等还有什么意义。健康和我们所追求的东西之间并不冲突，希望能有更多的人提高认识，反思自己的生活方式，并努力改变。

71.养生的方法——身体篇

窃以为与其常服药饵，不如按季节变更食物，除非服药已经成了一种习惯。在病中，主要的是注意健康；在健康的时候，主要的是注意活动。

——论养生

假如您问身边的一位朋友，在人的一生中，什么最最重要？有人会回答说是“事业”，有人会认为是“金钱”，也有人会觉得家庭幸福最重要，答案自然因各人价值观念的不同而千差万别。但是，假如您在追问一句，事业、金钱、家庭幸福这些东西的基础是什么？恐怕大多数人会毫不犹豫地回答：身体健康！

确实，如果没有一个健康的身体，那么人们怎么能经得起繁重的压力，怎么能打拼出一个辉煌的事业，怎么能维护一个幸福的家庭呢？然而讽刺的是，在飞速发展的现代社会里，人们最不重视，最容易失去的就是健康。

日前有家媒体报道，福州一名24岁的IT男小张，下了公交车后，突然晕倒在站台旁，经医院抢救无效死亡。小张工作的“17173”，是搜狐旗下一家网络游戏门户信息公司，在业内较为有名。该公司相关负责人称，小张是一名网编。事发前，小张没休过病假，也没有反映身体不适等问题。至于小张猝死的原因，有知情人说死于病毒性心肌炎，医院方面称死因尚未确定。

“同事张××晕倒了！”某日上午9点5分，天正下着雨，五四路古三座公交车站旁，福州“17173”公司几名员工发现同事小张下了公交后，晕倒在地，急忙联系公司行政部门人员，拨打120，急救人员将小张送到附近的省第二人民医院抢救。“面色发黄，身体有些僵硬，没什么动静的小张被抬上担架。没人想到他会死去。”事后，该公司相关人士说。

和小张同在该公司专区部的员工说：“他工作优秀，平时是个很温和、很健康的孩子，平常也没大病大灾，只能感慨生命无常。”在小张的QQ空间里，有一张他晒出的和女朋友游玩的照片：海滩上，戴着眼镜，显得斯文阳光的他，身材瘦削，笑容洋溢，青春潇洒的模样让人羡慕。

该公司市场部高级经理陈女士说，小张是一名网站编辑，上午9点上班，下午6点下班，平时也很少加班。据陈女士了解，小张事发前没有休过病假，也没有了解到近期小张患有感冒等身体不适的问题。小张是外地人，昨晚他的父母

正赶往福州。此后，公司将同其家属处理善后事宜。

正值青春年华的小张，为何会猝死？虽然原因我们不可知，但不得不说的是，如果他平日注意一些健康保养，也许不会这么早就离去。

现代人为了自己的理想，为了让生活更美好，为了不被时代所抛弃，拼命挥洒着汗水，奉献着青春，只为了实现自己的目标。可是，我们在人生的跑道上不停地奔跑时，却错过了太多的沿途风景，更透支了自己的身体，而健康和生命，却是比什么都重要。因此，我们年轻人更加要爱护身体，珍视健康，不要过度劳累、熬夜、加班，规律作息，经常锻炼，更要注意心理调节。

以下，是几个养生的小方法，希望能给你的健康带来帮助。

1.日常饮食酸碱平衡

现代人少不了应酬，饭店的食品虽然美味诱人，但往往脂肪和碳水化合物过高，而维生素和矿物质含量不足，而在日常生活中，碱性食物有抗疲劳作用。因此，为了维持体液的酸碱平衡，常在外就餐者平时应多食用蔬菜、水果、豆制品、海带、紫菜等食品。

2.上班族谨防“鼠标手”

越来越多的上班族每天长时间地接触、使用电脑，这些人多数每天重复着在键盘上打字和移动鼠标，手腕关节因长期密集、反复和过度的活动，导致腕部肌肉或关节麻痹、肿胀、疼痛、痉挛，使这种病症迅速成为一种日渐普遍的现代文明病。有人将这种不同于传统手部损伤的症状群称为鼠标手。

为了我们的健康，上班族不要连续在电脑前工作过长的时间，在连续使用鼠标一个小时之后就需要做一做放松手部的活动。现实生活中发现，鼠标的位置越高，对手腕的损伤越大；鼠标的距离距身体越远，对肩的损伤越大。因此，鼠标应该放在一个稍低位置，这个位置相当于坐姿情况下，上臂与地面垂直时肘部的高度。键盘的位置也应该和这个差不多。很多电脑桌都没有鼠标的专用位置，这样把鼠标放在桌面上长期工作，对人的损害不言而喻。

3.每天半小时日光浴

生活在社会上难免有这样那样的痛苦和烦恼，要想应付各种挑战，重要的是通过心理调节维持心理平衡。每天半小时日光浴可以改变大脑中某些信号物质的含量，使人情绪高涨，愿意从事富有挑战的活动，在上午光照半小时对经常萎靡、有抑郁倾向的人效果尤为明显。

4.小窍门让你久坐不累

白领一族每日大部分时间都是坐在办公室，时间长了，对身体的损害也很大，你不妨试试这样的姿势。让你的大腿与地面平行，同时将椅子调高，使大腿与地面平行，这样可以降低对肌肉、肌腱和骨骼的压力，预防肌肉骨骼疾病；选择一个靠背椅，在腰部放一个卷起的毛巾或靠枕，让手、手腕和前臂在一条直线上，使小臂放在办公桌上时肘部成直角；头部和身体保持直线，稍微前倾；肘部应靠近身体，弯曲90° ~120° 为宜；双肩放松，上臂自然下垂；双脚平放在地板上；椅子最好加个垫子，这样你会发现舒服很多。

5.熬夜加班多喝水

熬夜族要多喝白开水，因为熬夜族身体很容易缺水，但不宜饮用咖啡或浓茶，因为咖啡或浓茶会引起失眠，也会相对消耗体内B族维生素，缺乏B族维生素的人容易疲劳，如果常饮咖啡或浓茶可能因此形成恶性循环。

6.在办公室多喝温开水

在办公室时多喝温开水是最简单的一种养生方法，很多人喜欢用茶水、咖啡等饮品替代白开水，工作之余多喝茶叶水，可起到清热解暑的功效。但是喝得太多会影响矿物质的吸收。此外，就餐时喝茶水是一种不健康的习惯。咖啡作为时尚饮品，少量饮用有利健康，但不易大量饮用，碳酸饮料的摄入对健康没有好处，也不建议长期饮用。

72.养生的方法——心理篇

在吃饭、睡觉、运动的时候，心中坦然，精神愉快，乃是长寿底最好秘诀之一。

——论养生

不管健康的人还是身患疾病的人，心态都是第一位的。一份愉快的心情胜过十剂良药。专家研究发现那些肿瘤患者，凡是比较乐观、放得开的人，活的时间就长；而越是害怕紧张的人，越不利于他的病情好转，也越容易出问题。英国哲学家培根也曾对养生之道有过详尽的表述："在吃饭、睡觉、运动的时候，心中坦然，精神愉快，乃是长寿的最好秘诀之一。至于心中的情感及思想，则应避嫉妒，焦虑，压在心里的怒气，奥秘难解的研究，过度的欢乐，暗藏的悲哀。应当长存着的是希望，愉快，而非狂欢；变换不同的乐事，而非过餍的乐事；好奇与仰慕，以保有新鲜的情趣；以光辉灿烂的事物充满人心的学问，如历史、寓言、自然研究皆是也。"

尽管居住的环境、个人的饮食习惯各式各样，但一般长寿的人都有一个共同点，即他们心胸豁达、恬淡。确实，生活中永远不可能十全十美，对于美玉中的微瑕，人们完全不必求全责备。对生活中发生的事情也要一分为二地判断，不要把自己的主观感受当作客观的真相，继而影响到自己的情绪。

老子有一句名言："祸兮，福之所倚；福兮，祸之所伏，"这句名言告诉人们：祸与福是互相依存的，正面事件与负面事件也往往是相互依存的。生活中发生的种种磨难，不一定都是坏事，也许会成为磨炼你的一道关卡。那个"塞翁失马"的典故，就是对于"祸兮，福之所倚；福兮，祸之所伏"的形象演绎。

战国时期有一位老人，名叫塞翁，他养了许多马，一天马群中忽然有一匹

走失了。邻居们听到这事，都来安慰他不必太着急，年龄大了，多注意身体。塞翁见有人劝慰，笑笑说："丢了一匹马损失不大，没准还会带来福气。"

邻居听了塞翁的话，心里觉得好笑。马丢了，明明是件坏事，他却认为也许是好事，显然是自我安慰而已。可是过了没几天，丢的马不仅自动回家，还带回一匹骏马。

邻居听说马自己回来了，非常佩服塞翁的预见，向塞翁道贺说："还是您老有远见，马不仅没有丢，还带回一匹好马，真是福气呀。"

塞翁听了邻人的祝贺，反倒一点高兴的样子都没有，忧虑地说："白白得了一匹好马，不一定是什么福气，也许惹出什么麻烦来。"

邻居们以为他故作姿态纯属老年人的狡猾，心里明明高兴，有意不说出来。塞翁有个独生子，非常喜欢骑马。他发现带回来的那匹马顾盼生姿，身长蹄大，嘶鸣嘹亮，膘悍神骏，一看就知道是匹好马，他每天都骑马出游，心中扬扬得意。

一天，他高兴得有些过火，打马飞奔，一个趔趄，从马背上跌下来，摔断了腿。邻居听说，纷纷来慰问。

塞翁说："没什么，腿摔断了却保住性命，或许是福气呢。"邻居们觉得他又在胡言乱语。他们想不出，摔断腿会带来什么福气。

不久，匈奴兵大举入侵，青年人被应征入伍，塞翁的儿子因为摔断了腿，不能去当兵。入伍的青年都战死了，唯有塞翁的儿子保全了性命。

懂得"塞翁失马"中蕴含的哲理，我们就可以在生活中遇到负面事件时，避免作出完全消极的认知评价，进而避免消极情绪的积累，影响到我们的身体健康。

健康长寿既是人们的愿望，也是当今时代与工作的需要。但是，它并非靠一朝一夕、一功一法的养生就能实现。除了锻炼身体，注重饮食，还需要做到心理的养生。在竞争日益激烈的今天，心理养生显得格外重要，这不仅会让您保持一份快乐的心情，还会让您益寿延年。具体而言，要做到以下几点：

1.用积极的心态看待世界

任何事物的存在都有其两面性，如果你用积极的态度去看待它，必是阳光明媚，花开锦绣；如用消极的态度去看待它，则是落叶枯木，悲凉凋零。积极的心态不但可以给你带来好的心情，还会增强机体的免疫力。美国的一项研究发现，与消极情绪者相比，那些表现出快乐、放松等积极情绪的人对感冒的抵抗力要强得多，而且情绪越积极的人患感冒的概率越低。

2.学会宣泄，保持心态平衡

学会自我调整，及时放松自己，保持心理的平衡和宁静。心胸要开阔，遇事要冷静。可以通过体育、文娱活动或与家人、朋友聊天以宣泄自己的情绪，保持平静的心态。

3.学会宽容，与人为善

现代社会生活节奏加快，竞争激烈，容易导致人与人之间的关系紧张，使人产生压抑、愤怒、焦躁不安等情绪，严重影响健康。美国的一项研究表明，与他人融洽相处者预期寿命显著增长。同时研究还发现，助人为乐、与人为善的行为可提高人体的免疫能力，从而使人免受多种疾病的侵袭。

4.学会放松，勿做“拼命三郎”

紧张的工作节奏不仅让人有全身发紧的感觉，还易受到多种疾病的“青睐”。因此，要学会不时地放松自己的身心，千万不要做“拼命三郎”。在工作之暇不妨试试以下做法：靠在椅背上，全身放松，微闭双眼，平静呼吸。然后从头到脚，逐段放松身体各个部位，意念到一个部位时就放松该部位，呼吸要自然，呼气时默念“松”字。

5.知足常乐，量力而行

天津社科院和河北省妇联对河北省200多名90岁以上的老人进行问卷调查，结果表明：绝大部分老人认为，他们长寿的最主要原因是追求淡泊、知足、快乐。因此，生活中不要给自己确定很难达到的目标，应该知足常乐、量力而行。

6.正确对待疾病

生病是生命过程中不可避免的现象。生病了，既不能过于相信自己身体的自愈能力，对疾病听之任之，以免耽误最佳诊治时间，又不能对疾病过于紧张，精神彻底崩溃。因此，对待任何疾病都要全力配合医生，保持乐观的心态，采取积极的治疗态度。

73.不要让健身成为老年人的专利

我们只有固有的健康法则，这些法则却很少有人注意，往往直到临死时，才注意到，然而悔之晚矣。

——论养生

近几年，诸多行业精英离我们远去的噩耗接踵而至：被称为“国脸”的中央电视台著名播音员罗京、年仅46岁的时尚传媒集团总裁吴泓、有“女铁人”之称的28岁浙江卫视主播梁薇，这些人正值盛年却提早陨灭，不禁让人扼腕叹息。总有人说，这是天妒英才，然而这些精英英年早逝真的是老天嫉妒吗？答案显然不是。

根据有关报道，近几年我国中青年群体身体素质存在普遍下降趋势，不少人年纪轻轻就已出现高血压、高血脂、高血糖的症状。据调查显示，“三高”人群中有四成未满40岁，脂肪肝、肥胖、颈椎病等亚健康症状年轻化趋势明显。

很多中青年人正处于学业和事业的上升期，“工作忙”“没时间”成为他们人疏于健身的主要理由，培根曾说“我们只有固有的健康法则，这些法则却

很少有人注意，往往直到临死时，才注意到，然而悔之晚矣”，他所指的，就是中青年对健身这一行为的不重视。

很多年轻人往往自恃身体好、年轻有活力而忽视健身，尽管他们知道自己已经处于亚健康状态了，但还是将大部分时间花在应酬和娱乐上而无暇锻炼，直至最后影响自己的身体健康。

拉兰内是美国的健身之父，他一生都在敦促美国人优化饮食结构和进行更多体育锻炼，他不仅能够举重，做仰卧起坐，甚至把78岁的妻子伊莱恩举起来。“我没有任何病痛。”他说，“如果我有点流鼻涕，第二天就会好。一切都很正常”。

拉兰内刚刚度过了自己的90岁生日。当天，美国一个有线体育频道播放了长达九小时的专题节目，重播了拉兰内自20世纪60年代以来主持的一些电视健身节目精选。他同时也成了那一天很多其他电视台和电台脱口秀节目的焦点人物。“很多人研究死亡，而我研究生存。”拉兰内说，“你必须适当饮食和锻炼”。

作为健身运动的先驱，拉兰内所发起的这一运动促使会员制健身俱乐部遍及美国各地，家庭主妇们也在家中跟随电视健身节目进行锻炼。

至今，这一潮流仍在向更广阔的范围扩展，从瑜伽术到极限运动，再到登上畅销书排行榜的减肥类图书。从政坛要人到好莱坞明星，无不争相加入健身的热潮。15岁那年，身体瘦弱的拉兰内和母亲一起参加了一个有关营养学的讲座，这彻底改变了他的生活。他从此告别含糖食物。1936年，拉兰内在旧金山以东的奥克兰市建立了第一家健身俱乐部，并开始研制第一代健身器材。

随着越来越多的美国家庭拥有了电视机，精明的拉兰内敏锐地发现了这一新机会，从1951年开始在电视上主持健身节目，直到1984年。

“在推广健身和减肥理念方面，他超越了他的时代”，美国医学会委员会成员罗恩戴维斯评价说。

在拉兰内开始推广健身运动之后半个多世纪的今天，尽管重播他当年主持

的健身节目看上去有点古怪可笑，但拉兰内向人们传递的信息却比以往更具有说服力。

他的长寿秘诀究竟何在？那就是：节食、锻炼和常识。“所有那些食谱都是疯子编出来的。按照这些食谱你们得到的只是各种东西的大杂烩——脂肪、糖类和蛋白质。减肥的唯一方法就是控制摄入卡路里。这没有捷径可走。”拉兰内说。

至于锻炼，他认为一个星期三次，每次30分钟已经足够。“你不必每星期锻炼七天，那很愚蠢，不过我就是这么做的。我是个笨蛋。”拉兰内揶揄说。

随着生活水平的发展，越来越多的老人反而成为了健身的主力军，不论是在城市健身中心还是小区健身广场，随处可见很多五六十岁的老人，但却很少见到中青年人的身影。20岁到50岁这部分人群本该是经常参加体育锻炼健身的主力军，却恰恰成了全民健身的“瓶颈”。而造成“老年病”年轻化的主要原因除了生活压力大、饮食不规律、吸烟饮酒等不良生活习惯外，缺乏长期有效的体育锻炼也是其中之一。

俗语说“动则不衰”，积极锻炼身体是保证身心健康的首要途径。适当的运动健身不仅可以缓解工作中的疲惫，还可以保持良好的精神状态。规律而持久地参与体育锻炼不但可以有效延缓器官的衰老，还可以增强身体各方面的素质，更好地保持身体的健康，延长我们的寿命。作为生活负担重、工作压力大的中青年人群，更应该养成积极参与运动健身的好习惯，不要让健身成为老年人的专利。

第四章

关于自身

74.真正的爱来自于自律

有一些人，即使心中有了爱，仍能约束它，使它不妨碍重大的事业。因为爱情一旦干扰情绪，就会阻碍人坚定地奔向既定的目标。

——论爱情

对人们来说，如果爱仅仅是一种感情，那爱一辈子的诺言就没有任何基础。感情可以很快产生，也能很快就消失，那不是真正的爱。真正的爱是人们内在创造力的表现，它包括了关怀、尊重、责任心和了解等众多因素。在自律的基础下，积极地向自己爱的人展开追求，并一同共筑美好人生。培根曾说：“有一些人，即使心中有了爱，仍能约束它，使它不妨碍重大的事业。因为爱情一旦干扰情绪，就会阻碍人坚定地奔向既定的目标。”他是在告诫我们，如果我们不按照一定的纪律行事，就会被“爱”干扰而做不好任何事情。

真正的爱来自于自律，但是这种自律不应像规定那样，从外面强加于人而付诸实践，它应该成为一个人自身意志的表现。这种自律会使人感到愉快，而且能让自己慢慢地习惯于某类行动，发自内心地去做，以至到后来，如果停止这类行为，我们反而会想念它。

世人皆知李四光是著名地质学家，却鲜有人了解，他不仅事业有成，还有一个温馨美满的家庭。

李四光相貌高大英俊，性格温和，含蓄沉着，遇事冷静。由于钟情事业，婚姻问题迟迟未解决，直到1921年，才经人介绍与无锡才女许淑彬结识。许淑彬出身名门，其父曾在驻英大使馆任职，20世纪初奉调回国任教育部秘书。许淑彬天资聪明又勤奋好学，英语、法语、音乐学得甚好，彼时是北京女子师范大学附属中学的英语教师。

他们相识后，双方互有好感，建立了恋爱关系，感情日益升华，但因李四光家境贫寒而遭到许淑彬哥哥的反对。所幸，许淑彬的母亲喜欢李四光。她认为李四光为人朴实厚道，柔中有刚；许淑彬生性好强，刚中有柔，两人结合是天造地设。于是，老人家做通了儿子的工作，才使得一对有情人终成眷属。

世上没有不冒烟的灶，人间难找不争吵的夫妻，李四光与许淑彬初结婚的一段时间，也发生过矛盾。李四光是个事业心极强的人，他认为自己已过而立之年，气旺力坚，正是大干事业的好时机，成家后，应把主要精力用在科研上。但他在埋头科研时，往往顾及不到家庭，年轻活泼的许淑彬难免感到孤寂和气恼。

有一段时间，李四光因赶写科研论文，每天深夜才回家。许淑彬怕他身体垮了，一再叮嘱他早些回家。一心扑在事业上的李四光就是做不到。有一天，许淑彬乘李四光未回，抱着孩子回了娘家。李四光深夜回到家，轻手轻脚地走到床边，哪知他伸手去摸被子时，摸到的却是一块长石头，不禁吓了一跳。李四光冷静一想，妻子生这么大的气，问题出在“石头”上，家中出现的几次矛盾，自己确有一定的责任。第二天，他赶到许淑彬娘家，向她一再解释后，终于把妻女接回家。

自此，李四光对妻子的生活渐渐变得体贴、关心了。紧张工作之余，他会拉几首好听的小提琴协奏曲给妻子听，用音乐交流思想，加深感情。

李四光明白自律的力量来自于爱，而爱的本质是一种意愿。自律，是将爱转化为实际行动的过程。所有的爱，都离不开自律。他是一个真正懂得爱的人，因此他必然懂得自我约束，以此促进对方心智的成熟和家庭的和睦。

有一对夫妇，他们年轻、聪明，颇具艺术气质。遗憾的是，他们结婚四年，差不多天天发生口角，有时还大打出手、摔家具。他们经常分居，并且都有过外遇。起初，他们也知道只有学会约束和节制，才能使彼此的关系变得正常，可没过多久，他们就泄气了。他们无法忍受自律带来的压力，认为自律完全是一种限制，只会剥夺他们的热情和活力。他们喜欢无拘无束。他们不把别人的婚姻放在眼里，认为只有自己的婚姻，才充满色彩和活力，所以，他们很快就旧态复萌。又过了三年，他们的婚姻非但没有改善，甚至越来越糟。最终，他们分道扬镳，成了陌路人——这也是意料之中的结局。

这对夫妻刻意追求人生多姿多彩，这本身并没有错，但是，由于缺少自律和自我完善，生活状态必然混乱不堪。与之相比，李四光夫妇更加懂得自律的重要，所以，真正的爱不是忘乎所以，而是深思熟虑，是奉献全部身心的重大决定，其价值在于始终如一的行动，而不是转瞬即逝的感觉或者精神贯注。

75.面对嫉妒，让心灵安详地微笑

无德之人常嫉他人之有德。因为人的心思若不以自己的好处为食，就要以他人的坏处为食的；并且缺乏这二者之一的人一定是要猎取其二的。有任何人若是没有达到他人的美德的希望，他一定要设法压抑这另一人的幸福以求与之得平的。

——论嫉妒

嫉妒是指人们为竞争一定的权益，对相应的幸运者或潜在的幸运者怀有的一种冷漠、贬低、排斥，甚至是敌视的心理状态。这是人类的一种基本情感，无论是凡夫俗子还是伟人领袖都无法逃脱。培根说：“我们已懂得，嫉妒总是来自于自我与别人的比较，如果没有比较就没有嫉妒。”通常嫉妒都会发生在两个关系比较好的或者是非常熟知的两个人身上，原因也许很简单：一个人抢了另一个人的风头，使得自己在众人面前被冷落。

人是一种很复杂的生物，明明是两个没有任何关系的主体，却硬要在潜意识中和别人进行比较。殊不知，这个世界并没有可以相比的东西，每件事物都有自己的特点，每个人都有自己的优势和劣势。因此，对于嫉妒者，最好的办法就是去面对，除去极端的恶性竞争的心理，保持沉默，以平和的心态看待周围的事和人。

在一个名叫德舍尔多夫的小镇上有一个著名的艺术家，他的作品非常出名，一天，连王子都慕名来请他做雕像，王子要做的是一个自己骑马的铜雕像，艺术家接了活儿便没日没夜地忙起来。

终于，巨大的雕像做成了，被立在德舍尔多夫镇的广场上，王子带了几位大臣来看。雕像是那么的漂亮，王子看到了忍不住惊叹起来，他像个老朋友一样跟艺术家握了手，称赞道："你太伟大了，这尊雕像会使你更加出名，你把我雕得很完美。"王子身边的大臣们听了，对艺术家又妒又恨，想着用什么法子污辱他一番。当然，他们不能挑王子雕像的缺点，因为王子已经说它很完美了。

所以，有个大臣站出来说道："请允许我说个不足之处，这匹马的头雕得太大了，跟整座雕像不协调。"另一个接着说："马脖子的弯度不好，这样比较难看。"第三个说："如果把马的右后腿改进一下，这匹马会更加好看。"

艺术家静静地听他们说完，转向王子说："大臣们找出了马的很多缺点，您让我用几天时间来把这些缺点改正过来吧。"王子同意了。

艺术家在雕像的四周围起了屏风，说这样可以不受打扰地工作，外面的人们只听到里面"叮叮"地敲响。几天之后，响声停了，艺术家又叫王子和大臣们来看修改好的雕像。

看完后，大臣们一个接一个地说原来的毛病没有了，王子说："大臣们非常满意，谢谢你对雕像进行了修改。"

艺术家微笑道："他们满意就好了，但实际上，我根本没对雕像进行任何修改。"王子惊讶地问道："那你每天'叮叮'地敲什么？"

艺术家说："我在敲大臣们的声望，现在大家都知道了，他们说马的缺点只是出于嫉妒。我想我应该把他们的声望敲碎。"王子听了大笑起来，而他身边的大臣们则羞愧地低下了头。

如果别人的嫉妒能把你打倒，这说明你虽然是优秀的，却不是最优秀的，在意志上更算不上优秀。故事中的艺术家，在面对大臣们的嫉妒时，并不据理力争，也不盲目改变自己，而是淡然处之，这无疑是一种高情商的表现。很多时候，面对嫉妒者的中伤，常人最容易做出的也是最下策的反应就是反唇相讥。这样，你会因为别人的嫉妒，而陷入一场旷日持久，使心智疲惫又毫无意义的纠葛中。拜伦说过："爱我的我报以叹息，恨我的我置之一笑。"他的这"一笑"，真是洒脱极了，对嫉妒者的中伤，最妙的回答是——让心灵安详地微笑。

人生在世，一定要有一颗平静和睦的心，切不可心怀嫉妒，俗话说："己欲立而立人，己欲达而达人。"别人有所成就，我们不要心存嫉妒，应该要平静地看待别人所取得的成功，这是拥有幸福人生的秘诀。

以下几条建议，虽然不能根除嫉妒之心，但也可以达到缓解的疗效，使它不能成为持久的一种情绪，而影响我们的工作和生活。

1.目光放长远

封闭、狭隘意识使人鼠目寸光，因此，应该不断提高自身能力，不断地开阔自己的视野，与人为善。

2.正确认识嫉妒

有些人认为嫉妒是对自己的否定、威胁，损害自己的利益和"面子"，其实这只是一种主观臆想，一个人的成功不仅要靠自身的努力，更要靠大家的帮助，嫉妒只会损人损己。

3.客观评价自己

当我们的嫉妒心理萌发时，你需要积极主动地调整自己的意识和行为，从而控制自己的动机，这就需要客观、冷静地分析自己，找差距和问题。

4.见强思齐

一个人不可能在任何时候都比别人强，人有所长也有所短，因此人固然应该喜欢自己、接受自己，但还要客观看待别人的长处，这样才能化嫉妒为竞争，才能提高自己。

5.看到自己长处

聪明人会扬长避短，寻找和开拓有利于充分发挥自身潜能的新领域，这样在一定程度上可以补偿先前没能满足的欲望，缩小与嫉妒对象的差距，从而达到减弱乃至消除自身嫉妒心理的目的。

6.经常将心比心

嫉妒，往往给被嫉妒者带来许多麻烦和苦恼，而换位思考能够帮助我们体会对方的心态，同时也能帮助我们收敛自己的嫉妒言行。

7.转移注意力

积极参与各种有益的活动，嫉妒的毒素就不会滋生、蔓延。

8.学会自我宣泄

当你嫉妒心爆发时，你最好能找知心朋友、亲人痛痛快快地说个够，他们能帮助你阻止嫉妒朝着更深的程度发展。另外，我们也可借助各种业余爱好来宣泄和疏导，如唱歌、跳舞、练书法、下棋等。

76.什么样的人容易遭人嫉妒

在人类的各种情欲中，有两种情欲最为惑人心智，这就是爱情与嫉妒。

——论嫉妒

在中国古典名著《水浒传》中，曾有这样一段精彩的片段：

当林冲在柴进庄上接受柴进的款待与敬意，大家饮酒叙谈时，只见庄客来报道：“教师来也。”

谁呢？原来是柴进不久前聘任的私人枪棒教练洪教头。这个洪教头，显然是已听说有客在此，心中早有不满。所以，特意歪戴着头巾，挺着脯子。

柴进看出尴尬，赶紧出面解救。柴进指着林冲对洪教头道：“这位便是东京八十万禁军枪棒教头，林武师林冲便是，就请相见。”

柴进特意用一个长句子郑重介绍林冲，不惜使用过度的修饰语，甚至啰唆重复，不光是显示自己对林冲的重视，更是以此提醒洪教头，不可怠慢。

林冲听了，当然明白柴进的意思，赶紧起身，看着洪教头便拜。

那洪教头却冷冷地说道：“休拜。起来。”而且不躬身答礼。

林冲拜了两拜，起身让洪教头坐，洪教头亦不相让，走去上首便坐。

……

洪教头与林冲素昧平生，而且林冲只是路过，为什么洪教头对他这样大的仇恨呢？答案是两个字：嫉妒。

嫉妒是一个令人恐惧的词。

一个人，一旦被人嫉妒，他的人生之路上，就一定处处有地雷、有陷阱。但是，一个人一直不受嫉妒，也有问题——那是他缺乏被人嫉妒的资本。

在《水浒传》中，林冲是有被人嫉妒的资本的，虽然他此时遭际重重苦难，命运凶险，但是，他仍然是有资本的。他的资本就是他的武功、江湖上的名望以及曾经的地位，这些东西使他今天获得了柴进的隆重欢迎和招待，这些又成为他遭到洪教头嫉妒的原因。

既然人有资本就不免被人嫉妒，或者说，被人嫉妒是因为你有资本；那么，谁也不会因为害怕被人嫉妒、避免被人嫉妒而放弃资本。

那么，什么样的人才容易遭别人嫉妒呢?

培根在《论嫉妒》一文中曾明确地指出，“第一，德行高的人们，其德愈增则受人嫉妒之机会愈减。因为他们的幸福看来是他们应得的；没有人嫉妒债务之得偿，所嫉者多是报酬过当之赏赐也。又嫉妒总是与人我的比较俱来的；没有比较的地方就没有嫉妒；因此帝王除了受帝王的嫉妒外不受他人的嫉妒。然而应当注意的是微末之人在初升贵显的时候最受嫉妒，到后来较能克服之；反之，有功有业的人在福祉绵延之时最受嫉妒。因为到了那个时节虽然他们的德行仍旧，但其光辉却不如昔了；因为有新的人物起来把那些德行投入暗处了。”

那么，人又为什么嫉妒别人呢?

简单地讲，嫉妒有三个原因，我们可以把它称为“嫉妒三定律”：

（1）不能容忍别人拥有自己没有的东西——优先性。

（2）不能容忍别人夺走原由自己占有的东西——私有性。

（3）不能容忍别人分享原由自己独占的东西——排他性。

康德曾经说：“生气是拿别人的缺点惩罚自己。”其实我们可以说，嫉妒是拿别人的优点惩罚自己。而拿别人的缺点惩罚自己的，往往是君子，拿别人的优点惩罚自己的，一定是小人。

可以这样说，嫉妒是个过程，但我们需要重视的是它的结果。即便是在最开始的时候你对某人很嫉妒，但只要把这种嫉妒转化为奋斗的动力，并通过合理合法合乎道德标准的手段实现了人生的飞跃，那么嫉妒只会停留在自我折磨，自我挣扎的范畴。但是如果你因为嫉妒而更加嫉妒，进而在现实中表现出恨意，并且通过不合理不合法不合乎道德标准的手段实现了踩着别人上位，那

么嫉妒不仅折磨了自己，还折磨了他人，甚至把自己的整个人生都给折磨了，这就得不偿失了。

77.遭人嫉妒并不是坏事

要知道对好事的称颂过于夸大，也会招来人们的反感、轻蔑和嫉妒。

——论嫉妒

在大多数人看来，遭人嫉妒是件坏事，因为嫉妒的人往往会做出对他人很不利的事情，例如诬陷诽谤或暗地里下绊子，甚至挑拨离间，让人身败名裂。其实换个角度想想，被人嫉妒也是件好事，因为有人嫉妒自己，说明自己一定有某方面的长处，同时也可以让自己更加冷静，不能忘乎所以。

大学毕业后，我来到一家大型企业工作。虽然初入社会，懵懂于世故，但凭借着不怕吃苦、聪明勤奋的作风和敦厚老实的性格，赢得了领导的信任和同事的爱护。在公司的众多年轻同事中，志仪长我3岁、显得颇为成熟。我刚进公司，他就像兄长一样，不但在工作中耐心指导我，而且还处处为我点评处世之道。“在这儿，我罩你！”这是他常用的口头禅。被他的热情所吸引，我们很快就成了无话不谈的朋友，之后的日子里，我的工作能力慢慢在众多年轻同事中凸显出来，领导也逐渐开始注意到我这个富于创造力、做事有条不紊、业绩突出的年轻人。年底，我拿到了工作以来的第一个年终奖，满心欢喜的我立刻把这个消息告诉了志仪，想和他分享这种喜悦。

“哦，是吗？”志仪带着一副出乎我意料的奇怪表情，低头停顿了一下，说道，“真是应该祝贺你”。

“今天晚上出去腐败吧，我请客！”我拍着他的肩膀，笑得合不拢嘴。

令我诧异的是，他居然拿掉我搭在他肩膀上的手，转过身，背对着我，冷冷地说：“对不起，我晚上有事。”便大步径自走了，当时我觉得好尴尬，这个家伙真是莫名其妙。

第二天，春风得意的我哼着小曲走进办公室，习惯性地和大家打招呼，谁知同事们只是斜斜地瞥了我一眼。这是怎么了？一天之隔，大家仿佛都不认识我了一样，正当我满腹狐疑时，秘书走到我跟前，小声道：“跟我来一下。”我被带到领导的办公室。

原来，当年公司效益不好，只有业绩突出的几个人拿到了年终奖，而且在我们的企业里，明文规定不允许公开自己的收入，违反者将受到惩罚。当大家得知部门里资历最浅的人居然拿到了年终奖，就都纷纷要求发奖金，领导念在我年纪轻，工作又比较踏实，只做了警告。我心里真不是滋味，明明是自己通过努力得来的，怎么会受到这样的冷嘲热讽，难道大家心里就没有一杆公平的秤吗？又是谁把我拿年终奖的消息四处传播的？

我走近志仪的座位，想去找他诉苦，却看到他和另外一个同事一起有说有笑：“这下子，算是给那小子点颜色，看他还敢牛！”我整个人都震惊了，我最信任的人，难道是他在背后出卖了我？

我走过去，没好气地说道：“你刚才说什么，是不是你弄得满城风雨？！”他脸色马上暗下来，歪着脑袋，从牙缝中挤出了几个字：“这不是想让大家都为你祝贺一下嘛！”我的肺都快气炸了，恨不得挥上一拳，打落他两颗门牙。

回到座位上，我狠狠地把桌上的文件拨到一旁，忽然觉得手心一阵刺痛，才发现扎了一根极为微小的刺。我试着把它挑出来，但却越挑越深，觉得没什么大碍，我继续工作。可是，每当我想集中精神的时候，那根小刺总是带给我阵阵刺痛。它一次次地挑痛着我的神经，我觉得苦闷至极，不禁心中感慨：嫉妒是如此之可怕，它竟能让人在一瞬间从英雄变成罪人。

嫉妒之心，人皆有之，不同的是人们如何处理自己的嫉妒。一般来说，积极的方式是将嫉妒升华为一种动力，用建设性的方法使自己获得甚至超越被嫉妒者所拥有的东西，即所谓良性竞争，这也是促进一个团队发展的有利因素。

当然，不是所有的嫉妒者都有能力升华心中的嫉妒，有些人会通过释放破坏性冲动，通过攻击别人、掠夺或毁灭被嫉妒者所拥有的东西来寻求心理的平衡，就像故事中的志仪一样，这常常会给被嫉妒者的身心造成伤害。甚至有些嫉妒者宁可自己不拥有也不让别人去拥有。这往往也是抑制一个团队发展的内耗因素。

很多人会抱怨自己总是被人嫉妒，究其原因，可能有现实性因素，也有非现实性因素。培根曾说，“要知道对好事的称颂过于夸大，也会招来人们的反感、轻蔑和嫉妒”，这其实也是一种产生嫉妒的原因。有的人在一个群体中非常出色，就有可能遭人嫉妒，这是人之常情，是现实性因素。出色的人拥有了别人所没有的东西，就更要懂得用适当的方式与人分享。过分炫耀自己，贬低别人，强化自己与别人的差异可能是为了满足某种内心需求，如消除自卑感。这有时反而会产生不良的后果，比如导致周围的嫉妒者表现出攻击甚至毁灭行为。当然，出现这种后果也与嫉妒者的心理问题有关。因此，在这种现实性的嫉妒与被嫉妒关系中，我们要用系统的观点去分析，有时双方都要对不良的关系承担责任。

由此我们可知，遭人嫉妒并不是完全意义上的坏事，它起码说明还有人关注着自己，关心着自己。不管怎么说，嫉妒自己的人一定都是自己认识或熟悉的人，他们都是自己的朋友，别人一时的嫉妒并不会影响自己的一生，坦然面对嫉妒，才能够让自己更加坚强，更加成熟。

78.猜疑是害人害己的祸根

心思中的猜疑有如鸟中的蝙蝠，它们永远是在黄昏里飞的。猜疑确是应当制止，或者至少也应当节制的，因为这种心理使人精神迷惘，疏远朋友，而且也扰乱事务，使之不能顺利有恒。

——论猜疑

猜疑是人性的弱点之一，历来是害人害己的祸根。生活中我们经常看到这样的事情，因为猜疑，夫妻离异；因为猜疑，朋友反目；因为猜疑，大打出手，导致悲剧。人有疑心本是无可厚非的，只要有根据，这都是可以理解的。但如果总是无端地生疑，那就不太正常，弄不好会既伤人又害己。

根据心理学研究表明：猜疑会加重人的心理压力，使人经常处于紧张、焦虑状态，缺乏应有的安全感，久而久之，就会诱发各种疾病，身心健康遭受破坏。另外，英国哲学家培根也曾说过，“多疑之心犹如蝙蝠，它总是在黄昏中起飞。这种心情是乱人心智的，它能使人陷入迷惘，混淆敌友，从而破坏人的事业”。

一般来说具有多疑心理的人，往往在主观上先设定他人对自己不满，带着以邻为壑的心理，必然把无中生有的所谓“事实”强加于人，甚至把别人的善意曲解为恶意，结果造成人际关系的紧张和恶化。

前年我去北京参加一个讲座，和福建的小韩住一个房间。一觉醒来，见小韩兀自窝在圈椅里喝酒，下酒的大概是花生米、兰花豆之类。虽然小韩极力控制着嗑咬咀嚼的音量，但在凌晨的寂静里，那声音仍然咯嘣脆响，恼得人睡意支离，难续清梦。我暗自心想，这人酒瘾也是大得离谱，没准出生的时候掉进了酒缸。

第二天中午，小韩主动找到会务组，要求自费调个单间。他来房间收拾行囊同我告别的时候，我有一种遭人嫌弃的落寞与委屈。我想先提出调房间的应该是我，而不是天不亮就起来把盏推杯吵人瞌睡的酒鬼。觉察出我心里有些不爽，小韩忙加解释，他习惯住单间，一个人清静，我猜想他是因为喝酒喝不痛快才要躲开我，心里十分气闷，后来，在以后的工作中我也不再主动与小韩接触。

去年到长沙开会，东道主安排我和老钱住进新修的别墅，房间舒适宽敞，厕所都有10平方米。老钱在房间里转悠一圈，连称不错不错，欣赏完房间，他就早早上了床。我深夜起来解手，不见老钱，连床上的被子也不知去向。推开厕所的门才发现，原来老钱把被子铺在厕所，权且将出恭的地方辟作了“卧室”。我问老钱，是不是我的鼾声太大，老钱睡意蒙眬，说着“有一点，有一点”，随后便拖起被子回到了床上。

第二天，老钱被鼾声打进厕所的遭遇，传为一个笑话经典，我这才知道我的鼾声够得上重量级，小韩凌晨起来喝酒，原来是受不了我的呼噜，自贴房费去开单间，应该是想买一点清静，而非我猜疑的那样。俗话说“人不知自丑，马不知面长”，不知道自己的鼾声让人不胜其烦，倒也情有可原，至今不能释怀的，是误解了人家躲避鼾声的种种努力，还暗自猜疑，与人疏远。

我们都知道，猜疑是建立在猜测基础之上的，而这种猜测往往缺乏事实根据，只是根据自己的主观臆断毫无逻辑地去推测、怀疑别人的言行。猜疑的人往往对别人的一言一行很敏感，喜欢分析深藏的动机和目的，看到别的同学悄悄议论就疑心在说自己的坏话，见别人学习过于用功就疑心他有不良企图。好猜疑的人最终会陷入作茧自缚、自寻烦恼的困境中，结果还导致自己的人际关系紧张，失去他人的信任，挫伤他人和自己的感情，对心理健康是极大的危害。那么，经常无端猜疑怎么办好呢？大家不妨试试以下自我调节方法。

1.正确认识自己，加强心理修养

一个人往往最难认识的就是自己，因此无论发生任何事情，一定不要忘了先从自身找原因，客观地分析自身的缺点和不足，同时加强个人道德情操和心

理品质的修养，净化心灵，以此来排除嫉妒心理的干扰。

2.培养自信心

很多时候，猜疑别人往往是因为自身缺乏自信心而导致。所以，当一个人产生多疑情绪的时候，就一定要努力培养自己的自信心，多做自己感兴趣的、擅长的事情，多发挥自己的优点、长处，不要拿着放大镜去看自己的缺点和不足，这个世界上没有完美的人，是人都有缺点，关键是要正确对待。

3.无视谣言的传播

猜疑之火往往在那些有心人的煽动下才越烧越旺，致使人失去理智、酿成恶剧。因此，当我们听到一些谣言时，千万要冷静，谨防受骗上当，必要时还可以与传播者当面对质，给予揭露。

4.及时沟通，消除疑虑

及时沟通可以使嫉妒情绪得到及时的宣泄，而有效沟通就可以使任何无端猜疑得以全面消除。反之如果不进行沟通，只会产生更多的误会，并使原有的误会加深。

5.摆脱错误思维方法的束缚

猜疑一般总是从某一假想目标开始的，只有摆脱错误思维方法的束缚，走出先入为主的死胡同，才能促使猜疑之心自行消失。

6.学会克制冲动情绪

当你产生猜疑的情绪冲动时，要懂得克制自己，要学会对自己进行有效劝解。在没有得到证实时，克制住冲动的情绪，避免对自己或他人造成无法挽回的损害。

7.敞开心扉，增进双方了解

猜疑往往是人为设置的心理屏障，只有敞开心扉，将心灵深处的猜测和疑虑公之于众，或者面对面地与被猜疑者推心置腹地交谈，让深藏在心底的疑虑曝光，才能求得彼此之间的了解。

79.坦诚开启良善之门

在猜疑之林中，最好的清道方法就是开诚布公地与所疑的一方相见，如此，关于对方你一定可以知道得比以前多，而同时又可使对方留意以免更有启人猜疑的地方。

——论猜疑

培根曾说，“疑心训练邪恶的智慧，而坦诚开启良善之门”。毫无疑问，猜疑的产生总是出于多诈的心智，或者受到了无知的蒙蔽。猜疑使人对他人、对周围环境不信任，进而又会使自己也失去了自信，从而落入误会的深渊。轻则使周围的人对自己心存芥蒂，不愿靠近，重则害人害己，祸害无穷。

事实上，我们大可以用坦诚去对待猜疑，坦诚是人际关系中最具魅力和吸引力的品格之一，它能赢得对方的尊重与信任，是利人利己的举措，是破解猜疑之心的关键，是人生走向成功的保障，在现实生活中，我们一定要坚持这样一种态度。

从前有个做官的人叫乐广，他有位好朋友，一有空就要到他家里来聊天儿。有一段时间，他的朋友一直没有露面，乐广十分惦念，就登门拜望。只见朋友半坐半躺地倚在床上，脸色蜡黄，乐广这才知道朋友生了重病，就问他的病是怎么得的。朋友支支吾吾不肯说，经过再三追问，朋友才说：“那天在您家喝酒，看见酒杯里有一条青皮红花的小蛇在游动，当时恶心极了，想不喝吧，您又再三劝饮，出于礼貌，就闭着眼睛喝了下去。从此以后，就老觉得肚子里有条小蛇在乱窜，总想呕吐，什么东西也吃不下去，到现在病了快半个月了。”乐广心想，酒杯里怎么会有小蛇呢？但他的朋友又分明看见了，这是怎么回事儿呢？

回到家中，乐广在客厅里踱来踱去，分析原因，一抬头，他看见墙上挂着一张青漆红纹的雕弓，心里一动：是不是这张雕弓在捣鬼？于是，他斟了一杯酒，放在桌子上，移动了几个位置，终于看见那张雕弓的影子清晰地投映在酒杯中，随着酒液的晃动，真像一条青皮红花的小蛇在游动。

乐广马上用轿子把朋友接到家中，请他仍旧坐在上次的位置上，仍旧用上次的酒杯为他斟了满满一杯酒，问道："您再看看酒杯中有什么东西？"那个朋友低头一看，立刻惊叫起来："蛇！蛇！又是一条青皮红花的小蛇！"乐广哈哈大笑，指着壁上的雕弓说："您抬头看看，那是什么？"朋友看看雕弓，再看看杯中的蛇影，恍然大悟，顿时觉得浑身轻松，心病也全消了。

猜疑者往往是自己折磨自己，杯弓蛇影的典故就是很好的例证，弓影投映在盛酒的杯中，好像小蛇在游动，饮者以为真的把"蛇"吞下去了，越想越恶心，结果害得自己重病一场。所幸他的好友乐广是一个坦诚的人，帮助他看清自己的疑心，不然饮者这场大病不知何时才能痊愈。

古人曾说，"君子坦荡荡，小人常戚戚"，如果人与人相互之间丧失了坦诚、缺失了互信，总是用猜疑的眼光去看人看事，那么就丧失了共同相处和合作的基础，久而久之还会产生摩擦和隔阂。因此以坦诚待人才是值得我们信赖的心灵之桥，通过这座桥，人们才能打开良善的大门，走向美好的人生。

80.聪明与狡猾的区别在于道德

我认为狡猾就是一种阴险邪恶的聪明，一个狡猾人与一个聪明人之间，确有一种很大的差异，这差异不仅是在诚实上，而且是在才能上的。

——论狡猾

著名哲学家培根告诫我们说，“狡猾是一种阴险邪恶的聪明”，在一般人看来，“狡猾”应该是“聪明”的近义词，诚然，从表面上看，聪明和狡猾好像都一样，都能巧妙地处理较难的事，然而究其本质，它们还是有很大区别的，即狡猾是站在邪恶卑鄙的立场，以巧妙的方法损害别人利益来得到自己利益；而聪明是站在正直公平的立场，以巧妙的方法维护或得到自己的利益。

众所周知，聪明的前提是踏实本分，为人坦诚，这样才能在社会当中发挥自己的聪明才智，为自己和社会创造价值。相反，如果一味地通过算计别人为自己带来利益，甚至是损人利己的时候，那样的聪明便背离了道德的准绳，从而被人叫作“狡猾”。狡猾从字面上看是一个贬义词，在现实中人们也是这样对待的，聪明与狡猾的本质区别在于道德，狡猾的人如果在道德上进步一点，就会有完全不同的人生价值。

狐狸远远地看到一只兔子蹲在山岗上，它垂涎三尺，多么香肥的兔肉啊！自己追肯定跑不过它，对这种身强力壮的兔子只能慢慢智取不能强攻，不能在光天化日之下，必须在夜深人静的时候。这时狡猾的狐狸想到了一个办法，它高喊一声：“有朋自远方来，不亦乐乎！”兔子一看是狡猾的狐狸，立即提高了警惕。狐狸走近兔子佯装真诚地说：“兔兄你可真是个天才，如果咱俩做了朋友，可以互相帮助，合力占领这片领地。”兔子认为这狐狸很有学问和修养，于是决定交这个朋友，并说明天早上仍在这里相会聊天。当它们分手时，狐狸不经意地问兔子住在哪里，兔子问：“有这个必要吗？”狐狸笑笑说：“很有必要，没事我好登门拜访呀！”兔子想，拜访？黄鼠狼给鸡拜年吧……聪明的兔子想了想，告诉狐狸自己的家就在东山脚下。

半夜时，狐狸来到了东山脚下，但是它只找着个旧的兔穴，里面一只兔子也没有。狐狸心想，兔子竟然骗我，太可恶了。

第二天早上，狐狸在山冈上看到兔子后问道：“昨晚我去东山脚下迎一位朋友时，怎么没发现你家呀？”兔子暗想，这狡猾的家伙果然想趁半夜抓我。“噢，我家搬到西山脚下那棵大银杏树旁了，没事请光临寒舍。”狐狸暗自高兴地想，这地址兔子说得比较详细，这次我一定能抓到它。

晚上，狐狸直奔西山脚下的银杏树，一看树旁果真有个土洞，它走近一看洞口还不小，兔子全家老小一定都在里边吧？于是狐狸偷着乐了起来。正在这时，从土洞里边蹿出来一只公狼，一下就按住了狐狸。狐狸急忙求饶说："咱井水不犯河水，我是来找兔子朋友的，它的家就在这里……"公狼听后嘿嘿一阵奸笑，说："世人都说狐狸狡猾——你是聪明一世，糊涂一时呀！"狐狸不解，公狼说："俗话说，狡兔有三窟——兔子那么聪明，它能告诉自己的敌人真实地址吗？这叫借刀杀狐！"狐狸听完，悔恨得一下背过气去……

在很多童话故事里，人们都是用狐狸来代表狡猾，狐狸虽然聪明，但总是没有好下场，这说明了狡猾总是适得其反的道理。狡猾的人对付的往往是身边的人，因此，人们会对他防范再三，就像故事里聪明的兔子，虽然告诉了狐狸自己的住址，但实际上已经做好了万全的准备，防止狐狸来抓自己。由此可知，当人过于狡猾时，可能会获得一时的快意和利益，但他也一定会为这利益付出更惨重的代价。

真正的聪明人有自知之明，不卖弄聪明，能够堂堂正正做人，认认真真做事，外圆内方处世，这才是真正的聪明人。狡猾者多是先成小事后败大事，而聪明者往往先败小事，但最后一定能成大事，这都是由道德本质决定的。

81.狡猾是一种谋略

狡猾并非人的真正聪明，而只是一些捣鬼取巧的小技术。虽可施之于一时，却终难欺骗于久远。

——论狡猾

我们都知道，说一个人很聪明是夸他，而说一个人很狡猾则是褒贬参半，当然，人生在世，我们少不了些许的狡猾，有的时候，狡猾也是一种谋略。也许小小地“狡猾”一下，可以让我们少吃一些苦头，或者多得到一些利益。

在田径场上，谁的统治也没有布勃卡长久而专横，他比沙皇还残酷、血腥，比葛朗台还吝啬，比恺撒大帝还威猛，从20世纪80年代初，这条侏罗纪的霸王龙就独步天下，主宰了世界撑竿跳领地长达20年之久。也许和布勃卡同时代的选手的确都不该来到这个世界，因为他们和布勃卡相比，只是绵羊的后代。和布勃卡同代的体坛巨星，刘易斯、克里斯蒂、鲍威尔、乔依娜等人已经在田径场上作古，唯独留下桀骜不驯的布勃卡，依然以37岁高龄在和比自己小一轮的选手们抗争。布勃卡的身后留下了35次打破世界纪录的辉煌瞬间，他是田径史上唯一赢得6次世界冠军的超级明星，被过世的国际田联主席内比奥洛称为“本世纪世界上最伟大的运动员”。

布勃卡生于1963年，来自乌克兰境内的穷乡僻壤。18年前，他代表苏联参加1983年世界田径锦标赛；从此，开始了在这个项目上长达14年的统治。先后夺得了汉城奥运会冠军、10次世界锦标赛冠军，并且35次创造世界纪录。1996年入选国际奥委会运动员委员会，2002年8月当选国际奥委会运动员委员会委员的谢尔盖·布勃卡，被称作“乌克兰鸟人”的奇才，连续获得六届世界田径锦标赛撑杆跳高冠军，曾35次打破世界纪录。为了高额破纪录奖金，他狡猾地把破世界纪录变成了一门艺术——每次只把成绩提高那么一点点。例如，他25次把世界纪录提高了1厘米、7次提高了两厘米、2次提高了3厘米，只有一次提高了6厘米。他当年创造的6米15的室外撑杆跳高世界纪录，至今无人超越（而在训练中，他多次跳过6.20米）。

培根在《论狡猾》中指出：狡猾并非人的真正聪明，而只是一些捣鬼取巧的小技术。虽可施之于一时，却终难欺骗于久远，以这些小术要得逞于世最终还是行不通的。布勃卡的狡猾在于他在不断刷新世界纪录时，最大限度地保存了自己的实力，为自己的下一次“破纪录”做好准备。这是一种极聪明的谋略，如果他一开始就发挥自己的最高水平，那么下一次怎么能轻松夺冠并获得奖金呢？当然，布勃卡的做法不能说不对，不过他明显没有把体育精神放在首位，在他心里，能够稳稳地得到大赛奖金才是最重要的，而挑战极限，不断进步的体育精神被他放在了第二位。换个方位思考，如果他能够在一开始就发挥出自己的水平，那么难保他不会在以后的比赛中再有超水平的发挥，那才是值得真心庆贺的胜利。

在社会生活中，如果一个人通过狡猾的手段获得了利益，大家还能对他共讨之，而如果所有人都以狡猾作为相处的手段，那么吃亏的就是诚实本分的老实人，这样的社会让我们如何生活，如何自处。

其实，真正的强者不会把狡猾当成是人生的生存哲学，也不会利用这种谋略来为自己求得利益，从长时间看，狡猾的人并不能占到什么大便宜。更多的时候，狡猾可能在战胜对手的同时，也成为胜者身上最大的后患，总有一天，他会为自己的狡猾付出更大的代价，这代价有可能是金钱，有可能是名声，也有可能是生命。

82.识破狡猾者的伪装

有些人做事基本是在欺骗他人和在他人身上玩花样，而不在乎他们自己处理事务之坚实可靠的。然而所罗门有言，“智者自慎其步骤，愚者转向欺骗他人”。

——论狡猾

和狡猾的人相处，常常会让人头痛不已，因为你永远也不会明白他内心的真实想法，也许他看似真诚地帮你出主意、想办法，所想所说又十分符合你的心意，但实际上，他很清楚这一切都是为了维护他个人的利益与立场。虽然他可能没有伤害别人的意思，但是为了自己的利益，实际上已让别人蒙受损失了。所以为了最大限度地避免损失，我们需要看清狡猾者的心思，识破狡猾者的伪装。

从前，在山一侧的洞穴里住着一匹公狼和它的妻子，像所有狼一样，它们非常喜欢吃山羊肉，于是它们就捕捉山羊，吃了一只又一只，最后只剩下一只最聪明的山羊，这对狼夫妇用尽了各种办法，可就是捉不到它。

一天，公狼对母狼说："亲爱的，咱们给那只聪明的山羊设一个圈套吧，我躺在地上装死，你去找它，装出一副很伤心的样子对它说：'亲爱的山羊，你看到我的丈夫躺在地上了吗？它死了！呜呜，我太伤心了，我连一个朋友都没有。你能不能行行好，过来帮我把我爱人的尸体埋了？'山羊肯定很同情你，我想它一定会跟你走的。等它走过来站在我身旁时，我会猛地从地上跳起来，咬断它的脖子，不久它就会倒地而死，哈哈，到时我们就有美味的羊肉吃了。"

于是，公狼就躺倒在地，母狼到山羊那里，把丈夫的话原原本本对山羊讲了一遍。但聪明的山羊说："亲爱的狼啊，我所有的家人和朋友都被你丈夫吃掉了，我害怕跟你向前多走一步，我待在这里要比去你们那儿安全多了。""不用怕，"母狼说："一只死狼还能对你造成什么伤害呢？"母狼又对山羊说了很多很多谎话，最后，山羊才答应跟它一起去公狼那儿。

就在它们肩并肩一块儿上山的路上，山羊心想："谁知道会发生什么事呢？狼那么狡猾，我怎么知道公狼是不是真的死了？"于是它就对母狼说："我的脚有些疼，走得有点慢，我想你走在我前边会好一些。"母狼答应了。它们刚走到公狼面前，躺倒的公狼一下跳起，看也没看就死死咬住了母狼的脖子，山羊见状马上就跑掉了。

奥地利著名心理学家弗洛伊德说过：“任何人都无法保守他内心的秘密，即使他的嘴巴保持沉默，但他的指尖却喋喋不休，甚至他的每一个毛孔都会背叛他！”这就是说每个人的心理都是有迹可循的，哪怕是最狡猾的人，他的心理想法也会被一些小细节展露出来。因此，当我们深入了解了人的行为，弄清他的真正意图，再通过时间的检验，任何狡猾的人都会在我们面前暴露无遗。

首先，每个人都很难从对方脸上的表情或者言谈举止来断定他的真正意图，一个狡猾的人往往最容易做的就是掩饰自己的真正心思。难过的时候，他可能微笑着巧妙地掩饰，兴奋的时候，他也可能故作沉思低头不语，因此，这时他说出来的话、做出来的事不一定出自于内心的本意。人是很复杂的，了解一个人并不是一件简单的事。但只要我们注意观察，就可以通过一个人的喜好了解他的素质，进而识破他的伪装。

其次，古语曾说，物以类聚，人以群分，这就是说只有性情相近、脾气相投的人才能走到一块儿成为朋友。如果对方的朋友都是一些不三不四、不伦不类的人，他的素质不会太高；如果他结交的都是些没有道德修养的人，他自己的修养也不会太好。所以，了解一个人的朋友也就了解了这个人。

最后，想了解一个人是否狡猾，还可以观察他是怎样对待别人的。人在得意的时候，特别爱诉说他与别人在一起交往的情景，他说的时候是无意的，不会想到他与被说人有什么关系，所以一般比较真实。如果对方当着你的面说自己如何占了别人的便宜，如何欺骗了对方，等等，那你以后就得对他注意一点儿，有可能他也会这么对待你。

还有一种人比较圆滑，好像很会处世似的，往往是当面一套，背后一套，当着你的面说你如何如何好，别人如何如何不好，聪明的人就得注意这种人了。

狡猾的人善于隐藏人的本性，他们总是戴着各种面具，为了达到目的，他们往往矫揉掩饰、弄虚作假，然而社会上大多数的人还是诚实的，因为狡猾对自己没什么好处。一旦狡猾成了习惯就会变成自己的性格，这很容易让别人发

现，很可能最后便宜没有占到，反而吃亏的还是自己。因此任何人，包括那些最虚伪、最奸诈的人，他们只能骗人一时，不可能骗人一世。

83.虚伪的成因

有些人是很隐私的，他们常常心里有话而不肯明言，并且在他们心里明白所说的事自己并不甚明白的时候，他们却要装模作样，要让人家以为他们知道许多不能明说的事情。

——论伪智

虚伪的言行是人类特有的普遍性格，人类社会似乎有这么一条不成文的规律：人的文明程度越高，虚伪言行就越多，其掩饰真实意图和面目的技巧也越高超。古希腊哲学家苏格拉底曾经讲过谦逊的美德，同时他大肆抨击人们装腔作势，用虚假的优点来弥补他们的缺点，用虚伪的自尊来掩饰他们的卑劣。他对于那些穿了漂亮衣服在穷人面前炫耀的学生嗤之以鼻，对其行为的荒谬和内心的虚伪大加叱责。弗兰西斯·培根也曾探讨过人类的虚伪，他说：“没有一个生意萧条的商人或倾家荡产的浪子，为了支付他们的财名，能像这种虚伪的人之为了保持他们的才名而有一般多的诡计。”

喜鹊到处自诩：“我是直筒子性格，心直口快，爱讲真话，从来不怕得罪人。”

的确也是如此，喜鹊碰到不顺眼的，总爱叽喳一通，指责一气。比如，见了猪，它要斥责：“光吃不干的懒家伙。”见了狗，它要嘲讽：“尾巴卷上天的东西。”见了驴，它要戏谑：“蠢货，推磨还要蒙眼。”见了麻雀，它要讥笑："小不点儿，能把人吵死。"……

有一次，乌鸦总管大人下来巡视山林。喜鹊一听到了这个消息，赶忙飞向前，笑脸相迎，喋喋不休地恭维乌鸦："总管大人，我们太想念您了，见到了您真幸运。总管大人，您的羽毛真美，你是天下最漂亮的鸟。总管大人，您的歌儿真好听，您堪称鸟王国的最佳歌星。"乌鸦总管走后，一群鸟民围拢上来，七嘴八舌质问喜鹊：

"爱讲真话的先生，今天怎么不讲真话了？"

"乌鸦的羽毛真美吗？"

"乌鸦的歌儿真好听吗？"

喜鹊窘态百出，支支吾吾，答不出一句话来。

公正的猫头鹰出来替喜鹊作了回答："喜鹊先生，恕我直言。你的所谓直筒子性格，爱讲真话，是有对象的，在与自己无利害关系者的面前，你什么都敢说，什么都能说；一旦到了关乎自己利害的对象面前，你就不敢讲真话了。"

虚伪是一种恶习，最大特点就是无利不动，这种心理特征于社会于人群根本毫无好处，那么导致人们如此虚伪的原因在哪里呢？

1.有利可图的利益

所有的虚伪都建立在"有利可图"的基础上，若乌鸦不是总管，若乌鸦不能给喜鹊带来好处，那么喜鹊也不必费心去讨好乌鸦。"有利可图"可以从两方面表现出来：一方面可以在对手面前掩盖住自己的真实面目及所有弱点；另一方面可在微笑的气氛中悄悄地为别人掘好陷阱或预备好诱饵。若两个意图都能达到，让别人吃了亏上了当还没什么话说，那就是虚伪的最高境界了。人之虚伪，跟人的"有利可图"有很大关系。所以在人际交往中，尽量少一些自私，多一些无私，这样你就可以在一定程度上减少虚伪。

2.不断发展的社会现状

任何事物的发展都是一分为二的，人们在同自然界以及人自己的斗争的漫

长发展中，从正面学会了应变与智慧，同时也从反面学会了狡猾与虚伪，这两者是相生相克，互相依存的。

虚伪最开始的出现是源于生存，在狩猎过程中，人们为了捕获猎物，不得不开动脑筋，运用各种欺诈的手段。慢慢地，当人们把这种手段用来对付人的时候，就衍生出了最初的虚伪。随着人类社会的发展和科学技术的进步，人们应付世界的技巧也就越高明。造假、欺骗等丑恶的事情层出不穷。人的虚伪确实很难改变，但并非不可改变、一个具有良好人际关系的人就应克服这种缺陷。

去掉虚伪，应该从我们自身做起，当我们摘掉虚伪的面具，以诚待人时，他人也会以诚对你，这本身就是一个互动的关系。当越来越多的人都能够真诚待人时，虚伪就会无处可藏，我们的社会也就会更加美好。

84.虚伪人的特征

虚伪的人为智者所轻蔑，愚者所叹服，阿谀者所崇拜，而为自己的虚荣所奴役。

——论伪智

虚伪是一种与智慧和主动性相联系的性格，往往不易为别人所察觉，这种性格比虚荣之类更加卑劣。虚荣只是自私自利的一种表现，而虚伪则是一种十分卑劣的言行，虚伪者以为自己的这种言行是一种很高明的美德，运用于对方身上，而又不知不觉，因而自鸣得意，更加肆意地以虚伪态度待人。

一天“诚信”和“虚伪”被字典派出来，化装成人的模样，到世上走走，看看谁更有用。

他们俩向前走，看到一个老板正在指挥一队工人运货，忽然，有一个货箱掉下来，哗啦啦地响了，大概装着什么玻璃制品吧，老板走上前，呵斥了工人几声，叫工人把货箱搬到车上，继续装货。“诚信”急忙大步走过去，大声对老板说：“你怎么能这样呢？这不是坑顾客吗？”“关你什么事？你算什么东西？”老板火了。这时“虚伪”忙迎上去，满脸笑容地说：“老板，别生气！不要理他，这损失怎么能让你扛着呢老板？”“还挺会说话。”老板脸色好了许多。“老板，我们是来找工作的您看……”“虚伪”转头狠狠地盯了“诚信”一眼，示意他别出声。

“嗯，你留下来当我的助手吧，至于他呢，就自己去找工作吧。”老板对“虚伪”说。“好好好，谢谢老板！”“虚伪”说。“虚伪”乐得不得了，神气地看着“诚信”。“我才不想在这里干呢”诚信头也不回地走了。

就这样过了半个月，“虚伪”凭着他那张能说会道的嘴，已经做了副董事长了。而“诚信”走了好久，也没找到一份工作。他总是指责老板对顾客的不真诚，虽然顾客很感激他，但也帮不上他什么忙。

和虚伪的人打交道是一件非常痛苦的事，尤其在最初交往的时候，如果你没有发现他虚伪的本质，就极有可能会被他表面的热情、真诚所迷惑。但实际上，在与你交往的过程中，虚伪的人并不是真心实意对你好，他们只是想利用你，或者还掺杂有一些其他不为人知的目的，因此，我们一定要有一个明确的判断。

不幸的是，在最开始，人们是看不透虚伪人的面具的，当你与他共事、相处或熟识之后再发现他虚伪的外表下隐藏着一颗肮脏的心时，那打击无疑是巨大的。

那么我们该如何和虚伪的人交往呢？

最好的办法是在他们还没有伤害你之前便看穿他们的本性，并想办法远离他们。这确实不是件容易的事，因为虚伪的人没有在脑袋上贴上标签，我们有

时凭直觉还很难看透他们。这就要求在一开始和他们接触时你就要留心观察，每一类人群都有自己显著的特征，虚伪人群的特征虽然最不易察觉，但也有以下一些共性：

1.热情过度

俗话说，伸手不打笑脸人，面对一个热情的人，很多人都不会心存顾虑，而虚伪的人恰恰利用了人们这一心理，伪装出热情的样子与人相处。然而由于他们是怀着某种目的来伪装，并不是真心地热情待人，因此我们就不难发现他们的“热情”不太正常。可能你和这种人并不是很熟，但他们却热情地对你嘘寒问暖，满嘴都是夸奖奉承你的话，甚至还给你送礼、帮你完成工作。这时我们就要警惕了，“无事献殷勤，非奸即盗”。如果你接受了他们的“热情”，很可能以后会付出比这多几倍的代价。

2.伪装正派

很多时候，心口不一的虚伪人总在别人面前处处表现出一种正人君子的样子，对社会上的种种丑恶现象表示深恶痛绝，并大力提倡改进，因此人们会很容易相信他们似乎就是一个十分正派的人。通常这种人在其领域里是一个领导者的形象，很多人跟随他、信服他，但是久而久之，你会发现，这种人虽然总是在以一种抱怨的口吻批评社会的黑暗行为，但是他们却没有致力于去改正这种现象，反而去享受这种行为给他带来的利益，这种人是彻头彻尾的伪君子。

3.假公济私

有一种人平时总是以集体的利益为重，十分热心助人，似乎从不考虑自己的利益是否受损，其实这种人只是表面的热心。他们对自己的利益比谁都要看重，他们的目的只是在众人面前制造一些假象，提高自己的形象，以便为自己谋取更多的利益提供充分的准备。

4.阳奉阴违

当面一套，背后一套是虚伪人最显著的特点，他们的聪明在于不让人发现他们的两副嘴脸，两面讨好。这种人通常都是十分聪明的，他们每一步都是经

过精心算计的，因此一般人很难察觉他们的虚伪。

虚伪的人是最难相处的一类人，他们利用人们来达成他们的目的，肆意对人造成伤害。如果你具备一双慧眼，通过以上几点能发现他们的马脚，并设法远离他们当然最好，但是对于真诚的我们来说这一点又确实很难做到。我们往往是被虚伪的人彻底伤害后才能真正看穿他们。

85.摆脱虚伪影响的办法

没有一件恶德能和被人发现是虚伪欺诈一般使人蒙羞的。

——论真理

人在社会上生存，难免会遇到各种难以解决的问题，有的来自工作有的来自生活，因此，人们解决的办法和出发点也会有所不同。有的人会靠自己的努力去正面解决问题，有的人则会利用“虚伪”这一行为来达到自己的目的，使自己少付出时间或财力。其实在生活中，每个人都有虚伪的一面，只是表现出来的程度深浅不一，而促成人们虚伪的成因，则在于人性弱点的存在。很多人为了保护自己免受辛苦甚至他人的伤害，总是尽力展示自己的优点，隐蔽自己的缺憾，因此虚伪便充实到了世间的各个角落。

要过春节的时候，几年前去深圳打工的李老二回来了。以前在家里好吃懒做，混到四十多岁都没娶上老婆的李老二士别三日，当刮目相看，浑身西装革履不说，光那头发梳得就溜光水滑，苍蝇在上面都得翻上两个跟斗。

听说李老二发了财，村长等一班人一窝蜂地涌到李老二家里看稀奇，李老二果然是发了，连说话都像有钱人一样拿腔作调地端着架子。

村长心里犯嘀咕，李老二这家伙，准是发了，他既然喜欢显摆，怎么着这回也得拔他几根毛下来。想了想，他说：“二兄弟，你真是见过大世面了。这样吧，改天大家聚一聚，你给我们讲讲外面的世界，咱们也跟着见识下，好不好？”村长一使眼色，大家都起哄起来。

李老二明白村长的意思，很干脆地说：“可以，乡里乡亲的，吃餐饭没问题。这样吧，春节前三天，大家都有事，咱们就定在初四在县里的大富豪酒楼如何？”大家点头答应。

转眼到了初四那天，李老二包了村里一辆车，带着村长等一行人来到大富豪。李老二出手豪爽，点了满满一大桌子菜。席间，大家纷纷上前敬酒恭维。李老二刚开始还有所顾忌，但后来禁不住众人的劝哄，连着几圈下来，脸先是通红，接着又是灰白，等出了酒楼，脸都有些发绿了。

村长见李老二喝多了，便扶着他出来。一行人刚下酒楼的台阶，这时，酒楼迎面开过来一辆小轿车，车门一开，下来三个人，其中有两个居然是金发碧眼的外国人。大家正望着老外发呆，一直晕晕乎乎的李老二突然来了精神，他一把推开村长，挤眉弄眼地说：“哈哈，没想到这里也能遇到鬼佬，生意来了。”村长正迷惑不解的时候，李老二已经晃晃悠悠地迎上前去。只见他径自走到老外旁边，身子突然往下一躬，满脸现出一副可怜相，双手作揖道：“行行好吧，给一点吧，给一点吧……”那神态，那动作，一看就是个专业的乞丐。

大家哄笑起来，原来李老二在深圳加入了丐帮，就是这样发的财。

虚伪只是人们在掩饰一些不想让别人看到的东西，可能他并没有那么富有，可能他并没有那么成功，但是为了在社会竞争中生存下去，他就必须要在某种场合下变得虚伪，没有虚伪何来真诚？所以我们要自己学会怎样去面对和对待虚伪的人，希望以下几个办法能对你有所帮助。

第一，远离虚伪的人。

当你发现身边一直当作朋友的人是虚伪的人时，一定要设法远离他们，

即使每天都在一起工作也要想办法和他们保持距离，这是避免被伤害的最佳方法。

第二，宽容虚伪的人。

那些用虚伪作为自己人生观的人，很多是生活中的弱者，他们没有能力也没有办法拥有强者的思维和处世态度。因此，我们应该学会宽容他们，因为你知道他们用虚伪的态度对待你、对待其他人、对待社会是对自己的一种保护，他们害怕真诚会给他们带来伤害，他们也因此不敢用真诚和你交往。他们虽然是所有消极人群中最令人厌恶的一个类别，但请你相信他们也是最可怜的人，你应该站在一个强者的立场上对他们采取同情和宽容的态度，这也许会使他们本来冰冷的心得到些许的温暖，也许因此能唤醒隐藏在他们心中的良知，从而使他们意识到自己的错误，并采取有效的方法和步骤来主动改正。

第三，向虚伪的人学习。

这里所说的学习，并不是指学习他们虚伪的人生态度，而是通过和他们交往学会分析造成他们这种人生态度的成因。同时，更为重要的是以他们为反面教材，“对镜观之方可自查”，我们要反省一下自己是否也具有虚伪的潜意识，一旦发现自己和他们一样拥有虚伪的潜质，那么一定要毫不犹豫地清除掉。

第四，不要与虚伪的人为伍。

刚开始接触时，虚伪的人或许会表现出一些积极的态度，但这些都是假象。由于他们本身具备很强的消极人格，因此不久他们的消极气质将会逐渐表现出来，这时我们一定要保持一个清醒的头脑，千万不要认同他们，与他们为伍，否则只会给我们自己造成不可估量的损害。

虚伪的人只能骗我们一时，却不能骗我们一世。如果我们能够及时识破他的虚伪，就能够避免走很多弯路。我们要善于观察、善于总结、更善于洞察人心，这样的话虚伪有什么可怕的呢？

86.利己也可利人

深爱自身的人的确是有害于公众的，所以一个人应当把利己之心与为人之心以理智分开，对自己忠实，要做到无欺于人的地步，尤其是对他的君主与国家为然。

——论自谋

在现代商业社会里，要求人们都毫不利己专门利人、公正廉明大公无私是幼稚和不现实的，损人利己在一定程度上有其合理的成分——人是一种高级动物，但与低级动物在原始本能上是相同的或是相似的，即都是利己的。

利己是一种极大的错误吗？在很多人的家教与从小接受的学校教育中，利己被看作自私、自利、狭隘、小心眼等，总之，一提到这个词，它就被重重地盖上了“贬义”的戳儿。周扒皮为了让长工们多为他干些活儿，半夜鸡叫，于是他被当成反面教材，不知被人骂了多少遍；老板为了追求利益的最大化，拼命压低员工工资，延长员工工作时间，于是他们被员工所不齿、怨恨，甚至演变为不共戴天的仇恨。当然，这些人成为众矢之的不难理解，毕竟他们在利己的过程中损害了他人的利益，损害程度有多深，别人对他们的怨念就会有多深，实际上，利己也可不损人，关键是看你怎么做。

每天早晨上学路过那条小道，总能看见一位老人拄着拐杖，拿着大塑料袋在路边寻觅着什么。老人恐怕已经超过七十高龄了，凹下去的眼眶，皱得像老树皮一样的皮肤，嘴里的牙已经所剩无几了……

星期日的上午，我出去买东西，拐过小巷，看见那位老人拖着一个装满废品的大塑料袋正朝回收站的位置走去。忽然，老人的塑料袋不知被什么东西挂破了，垃圾、易拉罐全撒在路上。老人好像并没有发觉。我正想喊住她，这时，几个在一旁玩耍的顽皮小子跑过来，跳到垃圾上面，边踩边喊：“老太婆，捡垃圾，捡垃圾，捡了垃圾当饭吃。”老人听见了，回过头来，赶走了那几个捣蛋鬼，然后蹲下身来捡垃圾。

我气那些小孩子欺负这个手无缚鸡之力的老太太，连忙走过来，帮老人一同捡。边捡我边问她：“这么冷的天，您怎么还出来捡垃圾啊，您的儿子媳妇不孝顺您吗？”老人摇摇头说：“不是，是我自己要出来捡的。这捡垃圾不仅可以清洁街道，还可以换点零用钱。”垃圾捡好了，老人谢过我，拄着拐杖蹒跚离去。寒风中我看到了一个逐渐变小的苍老的背影，我好像看到她的胸腔中跳动着一颗善良热忱的心。

我依旧每天上学路过那条小道，依旧每天看到那位老人，只是不同的是，现在看到她，我的心中不再有怜悯之情了，而是一股深深的敬佩之情。或许，是老人的那种利人利己的精神牵动着我吧。

人可以分为两种心，即利己之心和利人之心，如果在某种情况下，利己之心占了主导，那么不能说这个人是错的，只能说他忠于自身；但如果利人之心占了主导，也不能说他一定是对的，只能说他即使做错了也会被原谅。

人做某事之前，利己与利人之心都会有所较量，往往也是利己之心胜出，人会因利己才会去做，做的结果利人则将会掩盖利己，因为大家总是以善良的心去看待，这只是主导的宣传是正面的而已。其实利己本没有错，因为这是属于隐私之事，谁又知道你做这事是为了自己，除非明摆着的事情。但如果利己的同时伤害了别人的利益，那就会像周扒皮那样，落得个凄惨的下场。其实，我们可以选择一个折中的方法，既利己也利人，而且只给旁人看到利人的一面，那这样子肯定万事大吉，双方互利。

无论利人还是利己，我们都不能伤害别人的利益，更不要践踏应有的道德。

87.赞美他人的“得意小作”

中节的称誉，用之得时，而且不俗的，确是能有好处的。

——论称誉

每个人对赞美的观念都不同，培根先生曾一针见血地指出：“流俗之人是不懂得许多出类拔萃的美德的。最低级的才德能赢得他们的称誉；中等的才德能在他们心里引起惊讶或艳羡；但是对于最上的才德他们就没有识别的能力了。唯有表面上的表现和假冒的才德乃是最受他们欢迎的。”诚然，生活中有一些人很优秀，但在人际关系上却总是失败的，他们不知道如何更好地与他人交往，不知道怎么样把关系变得更加融洽？其实，如果他能有效地利用“赞美”，兴许它就帮了你的大忙！

培根爵士将称誉分成了三个等级，一般来说，低级的称誉很有恭维的成分，这不足以得到他人的认同，而最高级的才德又不是人人都能发现的，因此很难赞美，而“中节的称誉，用之得时，而且不俗的，确是能有好处的”。这里所指的中节的称誉，就是指赞美他人的“得意小作”。

每个人，包括那些地位低下的人和自卑感浓郁的人都会有令人自豪的地方，虽然这些“闪光点”可能非常小，小得只有他本人心里清楚，甚至连他本人也没发现。如果我们能对这些小小的长处予以称赞，肯定会令他们高兴。如某人在西服上别了一个小小胸饰，如果你发现后及时地称道，说不定会因为这点小事而使他对你异常好感；要知道，从获得人缘这个角度来说，称赞小小长处比夸奖人人皆知的优点更有效果。

只要愿意，我们总是能够在别人身上找到某些值得赞美的东西，也总是可以发现某些需要指责的东西，这取决于你寻找什么。一位心理学家曾成功地改变一位被认为“不可救药”的儿童，方法就是他发现了孩子值得赞美的地方，

并大方地赞美了他。

孩子的父亲说：“这是我见过独一无二的孩子，简直没有一点可爱的品质。”

心理学家在孩子身上寻找值得赞美的东西。结果发现，孩子喜欢雕刻，并且工艺很巧妙，但孩子在家里曾因在家具上雕刻受到惩罚。心理学家便为他买来雕刻工具，还告诉他如何使用这些工具，同时赞美他：“你雕刻的东西比我所认识的任何一个儿童雕刻得都好。”不久，他又发现了这个孩子几件值得赞美的事情。一天，孩子让人们大吃一惊：没有任何人要求他，他把自己的房子清扫一新。当心理学家问孩子为什么这样做时，孩子说：“我想你会喜欢。”

赞扬能够鼓励他人前进，心理学家马斯洛认为，荣誉感和成就感是人的高层次的需要，一个人具有某些长处或取得了某些成就，需要得到公众的赞同，而赞美就是承认他人的长处和成就的方式。当一个人的行为受到称赞，就会受到鼓舞，就会发挥更大的积极性，继续努力前进。

用心去挖掘和赞美他人的“得意小作”吧，别看其小，其实在小处做大了，也是一项了不起的交际功夫，并且这项功夫并没有多少人掌握。如果你有了这套功夫，便能够使你在平地里硬是筑起一座人缘大厦，对你的人生会有许多益处。

88.过度说大话只会惹人反感

要知道对好事的称颂过于夸大，也会招来人们的反感、轻蔑和嫉妒。

——论称誉

英国牛津大学的一项调查发现，超过八成的人每天至少讲一次大话，超过四成的人每天吹牛超过三次。对多数人来说，说大话是一种正常的心理需求：一方面，这是为了显示自我、增加自信、弥补心理落差，比如通过夸大自己的能力、身份等，获得他人尊重；另一方面，适当地“吹牛”能降低恐惧和焦虑，比如美国的麦克阿瑟将军就用“希特勒永远造不出来能将麦克阿瑟炸掉的炸弹”等大话稳定军心。但是，还有一部分人似乎永远在说大话，他们不知疲倦，满嘴跑火车，什么事情都能吹得天花乱坠，甚至觉得自己神通广大，具有某种特殊能力。正所谓过犹不及，“要知道对好事的称颂过于夸大，也会招来人们的反感、轻蔑和嫉妒”，这是培根对说大话的人的提醒和警告。

有3位老人都擅长吹牛，平时与人谈话，一般没人吹得过他们，可是这一天，这3位会吹的老人却碰到了一起。正巧，有一个过路人走来了，看到3位年纪大的人在一起，便上前询问他们的年龄。过路人很有礼貌地问：“请问各位老丈今年高寿？”

其中一位老人摸了摸满头白发，说：“你问我的年纪，我已记不清了，只记得我小时候，曾经跟盘古在一起玩耍，我们的交情不浅，他还叫我哥哥哩。”

过路人听了吓了一跳，心想，还真没见过这般老寿星呢。

另一位老人说：“问我的年纪有多大吗？这么跟你说吧，大海的水每次变成桑田的时候，我就记下一个筹码，不知有多少次了，反正这样的筹码我已经放满了10间屋子！”

过路人一听大为惊骇，今天可看见老神仙了，真是大开眼界。

第三位老人说：“你们听说过王母娘娘的仙桃吗？那可是一万年才熟一次的呀！可我吃的仙桃已经无数，我每吃一个仙桃，就把它的核丢到昆仑山下，而今那些丢掉的仙桃核，已经堆积得和昆仑山一样高了！”

过路人这一次反而非常平静，一点儿也不吃惊，他说：“原来是3个老牛皮精。”

吹牛皮如果吹到了离奇的地步，又有什么意义呢？

无论何种原因的吹牛，大多都容易影响心理健康及人际关系。一方面，总是说大话会让真实的自我越来越小，虚假的自我越来越大，从而极少关注现实问题的解决，因此难以成功。另一方面，吹牛或许可以获得他人暂时的虚假尊重，但一旦牛皮被戳破，对方就会认为你在愚弄他们，从而失信于人。

"吹牛不犯法，却让我失去亲人朋友的信任。我多少次想改掉说大话的坏毛病，可每次话说出口却总是变了味道。"高阿姨很懊恼地说。

小时候，我就争强好胜，考试总想着拿第一，就算得不了第一，也要比哥哥姐姐考得好。那时我学习很努力，成绩也真的不错，家里亲戚总是在父母面前表扬我，我也因此总能得到奖励，过年时姐姐只能穿哥哥的旧衣服，我却能穿新买的衣服。

到了该工作的时候，父母给我联系的几份工作我都不满意，总觉得不如亲戚家孩子的工作好，在家里闹了一阵子之后，父亲提前退了休，让我接班干了父亲的工作。因为我刚去，所以职位并不高，可是为了显示自己的与众不同，我就在别人面前吹嘘说我是组长，可以自己不干活，指挥别人干，让人羡慕。

结婚后，我开始夸丈夫，愣是把他的职位提升三级。本来大家都是羡慕我的，可是有一次一个亲戚求丈夫办事，以他当时的职位根本办不到，我又不甘心被人笑话，就自己掏钱去求人，结果钱没少花，事却没办成。后来亲戚们都知道了丈夫并不是大干部，只是普通职工，就开始偷偷地笑话我。我却没意识到是我吹牛的缘故，只是一个劲埋怨丈夫无能。

女儿出生后，我又开始吹嘘女儿：从她三岁会背诗，到上学每次都考第一名。可是女儿的成绩没有那么好，在班里并不出众，成绩只是中上游，而且只是个副科的课代表。我却说女儿是学习委员，老师们如何如何喜欢她。没想到一次我带着女儿参加同学聚会，我正在吹嘘女儿又考了第一时，一个我不太熟悉的同学家的孩子却拆穿了我。他和女儿是一所学校同年级的同学，而他的好朋友正是女儿班级那次期末考试的第一名。面对着同学们质疑的目光，我的脸一下就红了，女儿也委屈地哭了出来。

那天回家后丈夫也跟我聊了很久，我知道我这个毛病多年来让我的家人受了许多委屈，我现在真心想改掉这个坏毛病。

究其根本，高阿姨总是说大话的深刻原因是爱慕虚荣，要面子，一般来说，补偿自我的需要和降低焦虑的需要是“说大话”的两种常见心理原因。有些人喜欢夸大自己的能力和身份，就像高阿姨一样，总是吹嘘自己和家人的工作好、地位高、能力强，但这些并不属实，这都是出于心理补偿，这种大话既是为了弥补落差，在心理上达到理想自我的境界，也是出于显示自我、获得别人关注的目的。

改变说大话的习惯需要人们长期地努力，爱说大话的人要从自己擅长的小事做起，认清自我的能力，另外，这些人还可以把自己目前拥有的一切列举出来，这也有助于他们回归现实，踏踏实实地做好自己的事情，让生活步入正轨。

89.语言风格反映了你的处事态度

我们的语言，不妨直爽，但不可粗暴、骄傲；有时也应当说几句婉转的话，但切忌虚伪、轻浮与油滑。

——论称誉

俗话说“言者心声”，诉诸于口的话语，其实都是我们内心想法汇集而成的，可以说，语言是思想的载体，而思想是语言的灵魂，两者有着密切的关系。喜欢奉承和说谎的人，多是虚伪奸诈的人，而说话简明扼要的人，多是诚实正直的人，因此我们不得不承认，很多时候，人们的语言风格是可以映照出他的处事态度和人生理念的。

培根说，“我们的语言，不妨直爽，但不可粗暴、骄傲；有时也应当说几句婉转的话，但切忌虚伪、轻浮与油滑。”这位哲学伟人在用他的人生经验告诉我们，出口之言代表了心中所思，所以人们更应该修炼自身，通过“语言”来提升自我素质，使自己成为一个受人尊敬的人。

曾经红极一时的热门电影《大话西游》中，西天取经的唐僧被塑造成一个婆婆妈妈，啰里啰唆的形象，虽然笑点不少，然而却不能让人产生敬服之感。而在电影的最后，唐僧的说话风格陡然转变了，简单到只用一两个字概括，说话风格的转变也代表着唐僧个性的转变，大唐高僧谨言慎行的形象跃然而出，观众不禁从心中产生对高僧的敬重之感，这都是语言风格的魅力。

语言的风格多种多样，文雅敦厚的，庸俗刻薄的；热忱大方的，冷漠畏缩的，每种语言风格都能在现实中找到活生生的例子。在此，我们仅仅举出四种比较典型的、常见的语言类型，并做一定分析。

1.直爽简明型

在我们身边，有一种人总是说话直率，毫不遮掩，人们喜欢和这种人交往，因为他们多半坦诚、直接，这样的人是值得信任的。然而任何事物必然有其两面性，正如一枚硬币的两面，这种语言风格也很容易出口伤人。

如果人们都是有什么就能说什么，总拿直爽作挡箭牌，那是不是每个人的过失都要拿出来任人品评呢？要知道，直爽并不等于言语毫无顾忌，只图一时之快，不讲究方式方法的言语是很容易得罪人的。比如批评别人，虽然你心地坦白，毫无恶意，但因为没有考虑到场合，使被批评者下不了台，面子上过不去，一时难以接受，对方的自尊心被伤害，当然会对你有所不满。

2.婉转含蓄型

在社会交际生活中，我们处处需要含蓄委婉地交谈。一般来说，具有这种风格的人多属于感情细腻、敏感多疑型。他们不愿让别人了解自己内心真正

的想法，却时刻注意别人内心对自己的看法和感受，他们十分懂得怎样拿捏分寸，但常常会给人不真实、不坦率的感觉。我们要明白，含蓄，是一种巧妙和艺术的语言表达方式，它并不等于晦涩难懂，有时，含蓄委婉的交谈能帮助我们避免尴尬。

法师问道："尽形寿，不近色，汝今能持否？"

鲁智深回答："能。"

法师又问："尽形寿，不沾酒，汝今能持否？"

鲁智深回答："能。"

法师再问："尽形寿，不杀生，汝今能持否？"

鲁智深犹豫了。

法师最后高声催问："尽形寿，不杀生，汝今能持否？"

鲁智深回答了一句："知道了。"

法师要求鲁智深不近女色不饮酒，他能做到，当要他不惩杀世间的恶人，实在难办。但若此时回答"不能"，法师肯定不许他剃发为僧了，这样他就无处藏身，因此鲁智深来了一个灵活应付，一句"知道了"，在法师面前过了关，又没违背自己的本意，两全其美。由此可见，委婉含蓄的语言实在妙不可言。

3.幽默风趣型

诙谐、幽默的语言不仅能逗人开心，也是一种智慧的体现。拥有这种语言风格的人多乐观开朗、聪明活跃。他们往往会成为人群中的焦点，有他们在，就能够避免冷场的尴尬，起到调节气氛的作用。这种语言风格能帮助提升你的人际关系、社交能力、个人魅力。

丈夫是个学者，整天捧着书，妻子对此非常不满。

妻子说："我看以后我还是变作一本书吧。"

丈夫不解地问："为什么？"

妻子说："这样你就可以整天把我捧在手上了。"

丈夫哈哈一乐："呀，那可不行。我看书看完了可就得换新的了。"

这一下，妻子急了，连忙说："那我就做本大字典。"

紧接着发生的是，夫妻双方哈哈大笑。聪明的妻子利用自己说话幽默含蓄地表达了对丈夫的爱和不满，并且使丈夫明白了自己的意图。

4.一板一眼型

一板一眼形容人说话做事循规蹈矩、按部就班。这样的人大体而言比较保守，谨小慎微，性格比较沉稳，稍显内向。这样的人不会乱开玩笑，说话极有分寸，该说的就说，不该说的绝对不说。但有时候过分规矩，反而会显得呆板、固执、较真儿，给人以不通情达理的感觉。

90.谨慎择言，小心言多必失

关于自己的话应该少说，而且应当谨慎择言。

——论辞令

有人问哲学家奥佛拉斯塔："在交际场合一言不发好不好？"奥佛拉斯塔回答："如果你是傻瓜，一言不发是聪明的；如果你是聪明的，一言不发是愚蠢的。"培根也告诫我们："关于自己的话应该少说，而且应当谨慎择言"，由此可见谨慎择言的重要性。在生活中，人们都是会说话的，但是谈到自己，就不得不谨慎一些，以防祸从口出。

从前有一只乌龟，有一年碰上多年不遇的干旱，所居住的湖泊完全干涸了，自己也不能爬行到有食物的水草丰泽之地。当时有一群大雁居住在湖边，也准备迁往他方，乌龟就向它们苦苦哀求，要求把它带离此地。

一只大雁就用嘴叼着这只乌龟，往高空飞去。大雁经过一座城镇，乌龟忍不住气，向大雁问道："你这样不停地飞，到底要飞到何处？"

大雁听了，只好回答，才一张口，叼在嘴里的乌龟就径直从高空落下，摔在地上，被人拾取，宰杀享用了。

乌龟的多嘴多舌而致坠地身亡，恰好说明了一个道理：如果不谨慎口舌，就会招致恶果。在我们的日常生活中，一个人的语言往往是他思想的反映，是他的全部精神修养、文化层次和审美情趣的最集中、最外在也是最直观的表现。人们历来欣赏那种实事求是、言行一致的谦谦君子，而鄙弃那些满口大话、妖言惑众的小人。

如果一个人总是滔滔不绝地讲话，说得多了，话里就自然而然地会暴露出许多问题。比如你对事物的态度，你对事态发展的看法，你今后的打算，等等，会从谈话中流露出来，正所谓言多必失，如果你说的内容被有心人了解并利用起来，那么就会给你带来本可以避免的伤害。

沙皇尼古拉一世登基后，国内就爆发了一场由自由分子领导的叛乱，他们要求俄国现代化，希望俄国的工业和国内建设必须赶上欧洲的其他国家。尼古拉一世残忍地平定了这场叛乱，同时判处其中一名领袖李列耶夫死刑。

行刑的那一天，李列耶夫站在绞首台上，绞刑开始了，李列耶夫一阵挣扎之后绳索突然断裂了，他猛然摔落在地上。在当时，类似这样的事件被当成是上天恩宠的征兆，犯人通常会得到赦免。李列耶夫站起身后确信自己保住了脑袋，他向着人群大喊："你们看，俄国的工业就是如此差劲，他们不懂得如何做好任何事，甚至连制造绳索也不会！"

一名信使立刻前往宫殿报告绞刑失败的消息，虽然懊恼于这突如其来的变化，尼古拉一世还是打算提笔签署赦免令。

"事情发生之后，李列耶夫有没有说什么？"沙皇询问信使。

"陛下，"信使回答，"他说俄国的工业如此差劲，他们甚至不懂得如何制造绳索。"

“这种情况下，”沙皇说，“让我们来证明事实与之相反吧。”于是他撕毁赦免令。

第二天，李列耶夫再度被推上绞刑台，而这一次绳索没有断。

慎言不是不说话，慎言是当说话时就说，不该说话时永远不要说。由于所处的环境不同，人的心理感受不同，而同一句话由于地点不同、语气不同，所表达的情感也不尽相同，别人在传话的过程中也难免会加入他个人的主观理解，等到你谈的内容被谈话对象听到时，可能已经大相径庭，势必造成误解、隔阂，进而形成仇恨。

正所谓“喜时之言多失言，怒时之言多失礼”，古人很早就认识到“祸从口出”的道理，所以才指出，对于开口说话一定要持谨慎态度，小心言多必失。

91.做一个会提问的人

多问的人将多闻，而且多得人的欢心，尤其是如果他能使他的问题适合于被问者的长技的时候为然；因为这样他就可以使他们乐于说话，而他自己则可以继续得到知识也。但是他的问题却不可烦琐惹厌；因为那就成了审问者的问题了。

——论辞令

向人开口提问，说难也难，说易也易。提问是一种技能，而想要让提问使得双方都欢喜，更需要我们掌握相当的功夫，将其化为一门艺术。真正会提问、善提问的人，未见得总是侃侃而谈、滔滔不绝；他们更擅长在合适的

时间、合适的地点向合适的人提出合适的问题。这些善提问者，对于整个谈话过程有着强大的把握能力。他们在开局用气氛渗透人心，在中盘用高潮吸引人心，在收官时，他们的谦逊表现，更能帮助他们虏获人心。

曾经有这么一个笑话：两个基督教徒去教堂做礼拜，正在祷告时，两人的烟瘾都犯了。于是教徒甲问牧师说："我能在祈祷的时候抽烟吗？"结果，牧师说了句"主啊，原谅他吧"就不再理睬甲。这时，乙走了过去，问牧师："我在抽烟的时候，能做祈祷吗？""当然可以。"牧师愉快地答道。于是，乙悠悠地点燃了一根烟。

当你向他人提问时，很多时候，你得到的回答往往与你的提问方式有关。正如上述这个故事，同一个要求，用不同的方式提问，牧师竟作了截然不同的反应，给出去天差地别的答案。可见，问题本没有高低之分，而提问的方式却有巧拙之别。巧妙的提问，往往能换回愉悦的答案，不仅提问者达到了目的，回答者也往往心情畅快；笨拙的提问，却可能使得提问者贻笑大方，甚至让回答者顿生不满，影响到两人的关系。

由此看来，问话事小，提问技巧却是一门艺术。要想问得巧，就要掌握几种恰当的提问方法。

1.选对提问对象

提问的初衷，首先是为了获得令自己满意的答案，使回答者能够真正帮助到自己；其次便是力求整个谈话过程的气氛和谐融洽。因此，在提问时，选对提问对象便成了重中之重。每个人都有擅长的方面，也有各自薄弱的环节，而我们发出的问题，其最合适的回应对象，就是能够回答、并且愿意回答你的人。

2.选对提问话语

准确、翔实而不落烦琐的描述，是良好沟通的基础，提问也同样如此。在提问之前，我们应当先整理、归纳好自己的思路、语言，免得提问时东一榔头西一棒子，不仅自己越说越乱、越说越急，也弄得被问者丈二和尚摸不着头脑，到头来彼此不知所云。这样不仅对这个问题毫无帮助，还耽误了大家的时间，甚至可能搞得双方不欢而散。同时，在提问之前，我们还应该尝试依靠自己的努力，先以自己的能力最大限度处理问题，剩下的部分再去请教他人。看到你的努力，他人会明白你并不是一味依赖别人，而是已经经过了自己的探索。这时，他人也会愿意尽力帮助你，而不是敷衍推诿。

3.选对提问方式

一个正确的提问方式，对于谈话的结果和整个谈话过程中氛围的把握，有着至关重要的作用。下面我们便为大家简单描述几种提问方式。

（1）开放型提问。

开放型提问是一种开放式的问话形式。如两人见面后打招呼“高洁，你好吗？”“我很好，谢谢。”这种提问，是一种很空洞而广泛的询问。回答者不知道提问者问的是什么好不好，而提问者也不知道回答者说的是哪些方面好。这种提问方式，一般用于不甚熟识的人之间的客套寒暄。寒暄过后，提问者应再根据具体的目的提出针对性的问题。

（2）选择型提问。

选择型提问又称为限制型提问，这种提问，在问题就限定了回答者的答案。如“今晚吃什么，火锅还是烧烤”，提问者列出了限定的答案后，回答者能够选择的范围便被限定，从而使提问者获得主动权。大多数情况下，这种提问方式通常能使提问者获得满意的答案，很少有被问者会跳出思维限制、全盘否定可供选择的答案。在当今的销售活动中，很多销售高手早已深谙这种提问方式的法门，如：“这件衣服实在太适合您了，您看您是拿一套白色的，还是一白一红换着穿呢？”

（3）协商型提问。

以协商的口吻向别人发问时，别人往往会按照你的意愿回答、行事。如上级给下级布置任务时，先将任务说清楚，然后说出自己的意思，这时，如果想让下级遵照指示，上级不妨询问一句：“你觉得这样可行吗？”这时，提问者

通常会得到自己想要的答案。

（4）婉转型提问。

这种提问方式在男女恋爱中经常使用。男子想向女子表白，又不知如何开口，通常会婉转地问一句：“听说有部电影不错，你想去看看吗？”有些内向的男士，在求婚时也会用这种提问方式：“听小王说某某酒店的婚宴不错，你愿意陪我去尝尝吗？”婉转型提问的好处在于，即便对方直接拒绝，那么拒绝的也是这个说法委婉的问题本身，而不会直接伤害到提问者的颜面。

92.敏捷是一种高效办事的能力

真正的敏捷是一件很有价值的事。因为时间是衡量事业的标准，一如金钱是衡量货物的标准；所以在做事不敏捷的时候，那事业的代价一定是很高的。

——论敏捷

英国著名哲学家培根曾经写过一篇散文《论敏捷》，他在文中指出“真正的敏捷是一件很有价值的事。因为时间是衡量事业的标准，一如金钱是衡量货物的标准；所以在做事不敏捷的时候，那事业的代价一定是很高的”。无疑的，在现代社会，高效的办事能力是由“能力”与“敏捷”组成的，而前者往往是后者的必然产物。

凡是真正成功的领导，身上都透射着一种“做事敏捷”的习惯，凡是不能敏捷做事，不能准时赴约，必不能得到他人的信赖，纵然他心怀忠诚，又如何弥补他行动的迟缓？而一个人做事，能够不错过一分一秒，那么他在事业上，一定能大获成功。

有一次，樊德比尔约一个青年人在上午10时到他办公室谈话。事先，这位青年人曾经委托樊德比尔替他介绍一份工作。这天，樊德比尔预备在谈话之后领他去见一位铁路总办，因为铁路上正需要一个职员。青年在10时20分去约见，但樊德比尔已经不在办公室了。他已赴另一个约会去了。几天以后，青年请求樊德比尔重新会见。樊德比尔问他为何上次不准时到来？青年回答说："先生！我是在那天的10时20分到的。"樊德比尔立刻提醒他，"但我是约你在10时来的！""是的，我知道，"青年支吾地回答，"但是20分钟的相差，没有什么大关系吧！""不！"樊德比尔严肃地说，"能否准时，是大有关系的。你不能准时，所以就失掉了你想得到的位置。因为就在那一天，铁路上已经录用了一个职员，而且容我告诉你，青年人，你没有权利可以这样看轻我20分钟时间的价值，而劳累我在这段时间苦苦等候你。在这段时间中，我正要赶赴另外一个重要的约会呢"！

老话说"今日事今日毕"，这看似简单的要求，是成功者必备的素质，却有很多人难以做到。那些患上"拖延症"的人们，总是在一个个"明天"中挥霍今日的光阴。他们的成功，也就理所当然地在一个个虚耗的"昨日"中离他们越来越远。鲁迅先生曾经说过："浪费别人别人的时间，无异于图财害命；浪费自己的时间，无异于慢性自杀。"虚度光阴的人，他敷衍了自己的人生，也换回了别人对他的敷衍；只有那些反应敏捷、抓紧一切时间创造高效率的强者，才能获得自身的进步，获得他人看重与扶持，最终成为人生的赢家。

著名的美籍华裔科学家王安，在6岁时受到了一次影响其终生的教训。

有一次，在王安外出玩耍的路上，路边的一棵大树上掉下一个鸟巢，砸到了他的头顶。待他看清这"不明坠落物"的真身时，担心鸟粪弄到了身上，赶紧用手掸衣服。这时，一只圆滚滚、还未长成的小鸟从鸟巢中滚了出来。王安见了十分喜爱，于是他将鸟巢"一窝端"，打算将这只雏鸟抱回家喂养。

临近家门，王安才想起母亲从不让他在家中喂养动物。没办法，他只能先将鸟窝藏在门口，然后去恳求母亲的同意。经过他不断的请求，母亲总算点下

了头。然而，当王安来到门口寻找雏鸟时，却发现它已成了不知哪里跑来的野猫的午餐。小王安大哭一场，久久难以释怀。

从这件事中，王安得到了一个重大而积极的教训。从此以后，一旦他认定是对的事，便会立刻付诸行动，绝不再拖泥带水、犹豫不决。他明白，在人生的诸多十字路口前，不作决断的人，虽然不会走错路，但也永远找不到成功的终点。

如同早睡早起、坚持锻炼等优良习惯一样，当断则断、行动迅捷的习惯，也需要人们从幼年就开始培养。有些父母宠爱孩子，总觉得孩子还小，孩子的性情等大一点再塑造——殊不知，他们已经错过了最好的培养孩子良好习惯的时机。一个除了游戏、做其他事时都要一拖再拖的孩子，一个明知道自己记不住、老师布置作业时却连记录本都懒得拿的孩子，父母还真的指望这些“小毛病”“小缺点”到孩子大了就自然改掉了吗？慵懒、拖延、犹疑的陋习，一旦在幼年时形成，长大后再去改正，需要付出高于年少时许多倍的努力。

有优柔寡断毛病的人需要常常提醒自己养成做事敏捷、决策果断的习惯，才可以补救犹豫不决的缺陷。一个人要想成功，最忌讳的就是没有决断力。要知道，决断力能控制行动，只有敢于决断，我们才可以创造属于自己的奇迹。

93.急于求成终归失败

过于求速是做事上最大的危险之一。它有如医家所谓的“前消化”或过速消化一样，一定会使人体中满含酸液与各种难察的病根的。因此，不可以做事的时间之多寡为敏捷的标准而当以事业进展之程度为标准。

——论敏捷

《论语·子路》里有一句著名的成语："欲速则不达"，意思是说主观性急图快，违背了客观规律，反而达不到目的。著名哲学家培根也有过相同的见地，他说："过于求速是做事上最大的危险之一。它有如医家所谓的'前消化'或过速消化一样，一定会使人体中满含酸液与各种难察的病根的。因此，不可以做事的时间之多寡为敏捷的标准而当以事业进展之程度为标准"，生活中无数事实证明，急于求成做事终归是失败这一结果。

在古代，出于安全等方面的考虑，城市往往会设置宵禁。宵禁时间一到，城门官就会关闭城门。这个时候，普通的百姓就不能再进、出城，就是为官做宰的，没有紧急的诏令，也很难自由进出。这天，一个苹果小贩来到城中贩卖苹果。这天集市没什么人，小贩的生意太冷清，又赶了一夜的路，他竟打起了盹儿，忘了宵禁的时间。一觉醒来，他才发觉天色已然不早。他想起晚上要从他未走过的西城门出城，好趁着晚上赶到去西边那个更大的城市。只有赶紧卖完这两筐苹果，他才有钱给家里的孩子置办一件新衣裳。

他急匆匆挑起苹果，向集市中的其他小贩询问是否还能赶在关城门之前出得城去。有个马贩子看了看两个满登登的苹果筐，说道："你要慢点儿走的话，倒是还能赶上关城门；你要走得太急，兴许就赶不上了。"小贩还当这人拿他取笑，也没理会，低着头急急离开。然而，当他赶到城门前，看着紧闭的大门，才领悟到刚才那个马贩的意思：两个苹果筐装得满满的，自己越是着急赶路，筐就晃得越厉害；筐晃得越厉害，苹果掉得越多，他停下脚步去捡苹果所耗费的时间，也就越长。

及时把两筐苹果从集市挑到西城门，这在大部分人眼中看来，都是一件微乎其微的小事，简单易办，毫无难度。然而，就是这样一件简单的小事，因为小贩心浮气躁、阵脚大乱，导致苹果不断掉落，从而使得他最终没有完成目标。试想，急于求成的人，连这么一件熟悉、简单的小事都办不好，那么在面对那些关系到他们自身重大利益或事业成败的大挑战时，他们又能给出什么优

秀的成绩呢？其实这个道理很多人都明白，但是却没有多少人能够按照这个道理去做。这需归因于现今时代的高速发展，社会各处都充斥着速度、效率这一标准，人们都在盲目地追求高速度高效率，对事物的结果反倒不重视。造成这种现象的原因一则是人们过于追求眼前利益，二则是享受生活变成了每个人追求的根本因素。

但是时代的变迁可以改变一切，追求速成的人无论是他们的成果还是他们本身，大多会在一段时间后被后来者所遗弃，瞬间的成就可以使人获得短暂的名利，但如果谈起永恒，无非只是皮毛之举。那么为什么不能用心地去做一件事，留下一个能够被后人铭记的成果呢？“欲速则不达”，古往今来，我们已经看过太多急功近利者功败垂成，看过太多盲目执着的人身败名裂。俗话说“事缓则圆”，一味急于求成，轻则揠苗助长，重则毁灭殆尽。攀登上成功山顶的人，往往是不紧不慢而又坚持打好每一步根基的人；那些总想一蹴而就、连登山绳都不愿仔细检查的人，其结果不言而喻。

达·芬奇从小就非常喜欢画画。他经常兜里放着笔和几张纸，看到什么喜欢的东西，就画下来。爸爸妈妈看他如此喜欢画画，就把他送到欧洲的艺术中心佛罗伦萨，拜著名的画家和雕塑家费罗基俄为师。

费罗基俄是个非常严格的老师，上课的第一天，他拿出一个鸡蛋，对达·芬奇说：“今天我们画鸡蛋！”费罗基俄要求达芬奇横着画，竖着画，正面画，反面画。

达·芬奇想：画鸡蛋太简单了！于是，就漫不经心地画起来，一个、两个、三个……他画了一个又一个，一天下来，画满了厚厚的一个画本。费罗基俄看看他画的鸡蛋什么也没说。第二天，费罗基俄依然叫他画鸡蛋，达·芬奇很不解地继续画了一天鸡蛋。第三天，费罗基俄还叫他画鸡蛋，达·芬奇想，光画蛋能有什么技巧，于是他向老师提出了自己的疑问：“我已经画了两天的鸡蛋，为什么还要画呢？”费罗基俄老师笑了，耐心地说：“要做一个伟大的画家，就要有扎实的基本功。画蛋就是锻炼你的基本功啊。你看，1000个蛋中

没有两个蛋是完全一样的。同一个蛋，从不同的角度看，它的形态也不一样。通过画蛋，你就能提高你的观察能力，就能发现每个蛋之间微小的差别，就能锻炼你手眼的协调，做到得心应手。”

达·芬奇听了老师的话，明白了老师的良苦用心。从此以后，他专心地画鸡蛋，练就了扎实的绘画基本功，3年以后，达·芬奇的手仿佛有了感觉，想画什么就画什么，画什么就像什么，终于成为一位伟大的艺术家。

达·芬奇画蛋，画了三年他才成为远近闻名的画家，如果当年他没有坚持从画蛋这个基本功练起，而是上来就去学习高深的绘画技巧，那么他可能成为画家吗？可能远近闻名吗？可能让世人都牢记他的名字吗？

正所谓欲速则不达，急于求成会导致最终的失败，我们做人做事都应放远眼光，注重知识的积累，厚积薄发，自然会水到渠成，达成自己的目标。

94.身居高位，不进则退

高位难以久踞，往往是不进则退，退则一落千丈，至少黯然失色，其处境令人伤神。

——论高位

培根曾说：“高位难以久踞，往往是不进则退，退则一落千丈，至少黯然失色，其处境令人伤神。”一个人身居高位必然会拥有许多东西，但也必须承担同等价值的责任。世间的法则告诉我们，如果你拥有的东西越多，相对地，你所要付出的也必然越多，如果你的付出无法和你拥有的等值，那么你必然会失去比普通人更多东西。

文琴和素书自小相识，两家本是街坊，两人一路从小学到大学，都在同一所学校，到工作时，又进了同一家公司。按说，两人应该是无话不说的闺密，可两人性格迥异，文琴沉默踏实，素书心高气傲，素书的家长又总是爱拿素书和文琴作比较，因此素书从小就处处与文琴较劲。小学，素书和文琴竞争少先队大队长；中学，两人竞争团支书；大学，两人竞争学生会主席……你来我往之间，互有输赢，算是平分秋色。而这种竞争，更是强化了素书对文琴的“敌意”，有时文琴主动找素书沟通，两人却总是话不投机。

工作了几年后，两人凭借各自的成绩，都升任了各自的部门经理。至此，素书总算长出了一口气。她在售后部，而文琴在销售部。她每天只管嗑着瓜子网购、聊天，一切工作都交给属下去做；而文琴却整天带着部下四处拜访客户、推销产品，升官后简直却比以前还忙了好几倍。有时候，素书和男友看完电影经过公司楼下，看着文琴办公室还亮着的灯，心里又是过瘾，又是得意，同时，她对于文琴这种“瞎操心”的性格，也感到不解。

然而好景不长，没过多久，公司召集几个部门领导开了紧急会议。会议上，老总先表扬了销售部门，重点提出了文琴作为公司模范。随后，老总严厉斥责了生产部门，责怪新一批产品的质量严重不合格，导致销售部几经艰辛才拿下的一笔大订单差点告吹。最后，老总盯着素书，痛斥售后部的不作为；也正是因为售后部的敷衍推诿，才导致客户勃然大怒，动了终止合约的念头。素书正要申辩，想表明这件事根本没有下属上报，老总却大手一挥，冷冷地说：“你们部门的具体情况，我并不是一无所知。这个位置你暂时难以胜任，就让贤吧！”

素书回到售后部，对着部门的人一通叫喊：“这么大的事，为什么没有人上报？”

这时，已经听到风声的下属鼓足勇气，小声地说：“这件事，我和小张两人已经跟你提过4次了，每次您都在忙您的，只让我们把文件放在您桌上。”

素书看到自己桌上堆积如山的文件夹，这才有了点印象。上回小张说的时

候，自己正在犹豫网上看中的那件套装是买蓝色还是米色……

事已至此，以素书的心性，也难以在这个公司待下去。她收拾好私人物品，递交了辞呈，便躲着众人的目光回家了。

晚上，文琴打电话约素书出来喝杯茶，素书心想，我倒要看看你那幸灾乐祸的小人嘴脸长什么样。于是便答应了。两人到了一家茶社，坐下后，文琴没有说别的，而是给素书讲了一个故事："我小时候，父母工作忙，就把我寄养在乡下的奶奶家。奶奶家是平房，闹耗子，就养了只猫。后来，卫生条件慢慢好了起来，耗子也变少了。奶奶怕猫吃不饱，就每天去门前的河里网些小鱼回来煮了喂猫。结果，这只猫吃惯了鱼，再也不逮耗子了。虽然耗子少了，但偶尔有个一两只就够闹人的了。奶奶没办法，只好把这只猫扫地出门，又去别人家抱了只小猫从小喂养。从那以后，奶奶再也不会把猫喂饱，而是让它们空一点肚子，好知道捉老鼠。其实，我们在工作中，也是一样的道理。我们不是城市中养的宠物猫，公司喂我们鱼，本身是为了让我们更好地捉老鼠，而不是有那个闲情逸致养宠物啊！"

素书听了，点了点头，久久没有说话。

虽然素书从经理的位子上下来了，还因为性格丢了工作，但是她也懂得了"职场没有宠物猫"的道理，毕竟，身处高位不做事是无法在社会上生存的。但是从高位上下来未尝不是一个新的开始，如果有和素书一样经历的人，不如放下过去，正视未来，与其自怨自艾，倒不如重新干出一片天地来更好。

95.身居高位，常自省修身

居高位者对自身的痛苦最为敏感，而对自己的过错最为木讷。居高位者定

然缺乏自知之明，因为他们陷身于纷繁事务难以自拔，自然无暇顾及自己身心的健康。

——论高位

培根曾在《论高位》一文中指出，“居高位者对自身的痛苦最为敏感，而对自己的过错最为木讷。居高位者定然缺乏自知之明，因为他们陷身于纷繁事务难以自拔，自然无暇顾及自己身心的健康。”这段话是说位居高位者缺乏自省，所以难有作为，然而并不是所有位居高位者都是如此。堪称修身齐家治国中华千古第一完人的曾国藩，以他的人生，他的智慧，他的思想，深深地影响了几代中国人，以至他虽已去世一百余年，提起曾国藩，人们仍然津津乐道，这样一个伟人，能做到常常修身自省，不得不说，是对我们现代人的一个激励。

曾国藩曾在翰林院任职。在此期间，他日常事务中很重要的一部分，就是修身。如今保留下的曾国藩的修身课程，共有12项；而关于人生方面的修炼，总结起来不过五个字：诚、敬、静、谨、恒。诚，要求自己做人表里如一，自己对人要诚实可信，自己所做的一切，都要能够示之众人。敬，要求自己对一切心存敬畏，不可肆无忌惮。当一个人做到“敬”时，他的内心就不会存在邪念，而外在就自然更加端正威严。静，要求人能将自己的心情、气度、精神、体毛都维持在一个相对平和安静的状态。谨，要求自己说话时多加审慎，不可随便说、胡说、诓人。恒，要求自己的生活持之以恒地按照良好的作息规律来进行，如按时按量吃饭、按时作息等。

对这五个字再加总结，就是儒家思想中强调的“慎独”，讲究的是一个人独处时对于自己的严格要求。换而言之，就是指当周遭只有自己一个人，没有人监督自己时，我们也要按照经典中圣人给出的修身要求来约束自己、管教自己。而这种境界，也是历来人们所说的修身的最高境界。

为了能让自己更加接近慎独的境界，曾国藩通过日记的形式来记录自己的言行举止，从而便于检查、反思、鞭策。他的某一篇日记里，曾记录了他的一个梦。在梦里，他眼见旁人被上天掉的馅饼砸中，梦中甚是艳羡。醒来后，他记录下这个梦境，并在日记中严厉地批评自己的贪利之心。他认为，自己的贪欲竟然已经发展到了梦中都会浮现，这是不可宽恕的。梦醒后的这个中午，他应邀来到某个朋友家里吃饭。在席间，他听说有个人真的收入了一笔横财，不免又心生羡慕。回到家后，他再次将这次心理活动记在了日记中，他表示，早上刚痛斥过自己，结果中午就贪欲又起，自己“真可谓下流”。

曾国藩的修身行为之所以名留史册，并非他的修身方式乃千古绝唱，而是源自他的持之以恒。自31岁开始，曾国藩整个后半生便没有停下修身的步伐。即便在与太平天国的激烈斗争中，他仍“日三省吾身”，不曾间断。较之许多名臣大家，曾国藩在功名事业上，起步较晚。而他在中年后，能够一跃而起，成为清政府晚期最为倚重的汉大臣之一，功成名就，这些都是与他终年累月的修身分不开的。

曾国藩被人们称为“千古完人”，除了受益于他对慎独的坚持，还受益于他低调做人的处世哲学。

位极人臣后，曾国藩没有被位高权重的表象迷惑双眼，他凡事低调谨慎，最忌张扬。有一年，曾氏一族在老家修建新居，图纸落成后，曾国藩的弟弟派人将其送给曾国藩审阅。曾国藩一看，就觉得房子过于奢费。他改动了图纸，把图纸中设计的大屋改成了小屋。他在随图纸寄回的信中对弟弟交代：“图纸初样过于宏大。而今时局如此，家宅修得太好，难免不合时宜。怕只怕曾氏劫数未过，还有其他需要考虑的地方，你去和乡里的贤明之人多商量些。去年沅弟新建的宅子就过于壮丽，我至今仍以此为虑……凡事此消彼长，月盈则亏，这个道理你是懂得的。在这件事上，你也要再三思量，不可妄行。切记切记。”

曾国藩青年时期便开始了宦海沉浮，他深谙树大招风、枪打出头鸟的道理，因此虽然手握权柄、官威赫赫，依然处处低调、不事张扬。人生在世，乐极生悲，登高跌重。一个人如果居于高位而只懂沾沾自喜，那么离大祸临头便也不远了；同时，他之前爬得越高，那么后来摔得也就越重，其结局之凄惨，又岂是寻常人能懂得、悟得、见得、识得的？不唯古代，就是今天，高处不胜寒的道理依旧适用。一旦你身居高位，便成为人群中的焦点，成为千万双眼睛紧盯的“猎物”。若不懂得时常反省，不懂得日日修身、慎独，很快就会跌落下来，功败垂成。

96.身居高位，需洁身自好

身居高位之人，乃是三重的奴隶，即君主或国家的奴隶、名声的奴隶和事务的奴隶。

——论高位

培根在《论高位》一文中，曾开门见山地指出，“身居高位之人，乃是三重的奴隶，即君主或国家的奴隶、名声的奴隶和事务的奴隶”。在我们这个社会主义社会中，那些身居高位者应该是三重仆，即国家之仆、人民之仆、事业之仆。他们的职位是党和人民赋予的，权力是公权力，不是私权利，他们虽位高权重，但恰恰更应该位卑权轻，而不是以权谋私，圈占利益，否则只能自食恶果。

秦帝国开国丞相李斯，是战国时期优秀的政治家。在秦始皇统一中国、建立秦帝国的过程中，李斯立下了不朽的功勋。这样一位丞相，放眼中华上下五千年的历史，其才华能力，也是寥若晨星。然而，本可名垂千秋的一代名相，却因为一个“贪”字，最终身败名裂，祸及全族，还间接导致秦国的统一

大业二世而亡。

李斯年少时，曾提出过著名的“老鼠哲学”。他见到厕所中的老鼠瘦弱不堪，且草木皆兵；而粮仓中的老鼠则肥硕健壮，气焰嚣张，不避人犬，由此感叹道，一个人是否贤德，不看他自身，要看他所处的环境。由此，他的人生观发生改变，立志成为“仓鼠”，向社会上层前进，尽一切力量追求功名利禄。在这种“老鼠哲学”的影响下，李斯师从儒学大家荀子，不向他学习儒家经典，却专学帝王之术。荀子对于自己这个学生也非常了解，认为他虽然才华横溢，但将来一定会他这种极为功利的价值观所害。李斯日后的下场，正是印证了荀子的话。

李斯到了秦国后，按照自己的想法不断向上攀登，做到了秦国的客卿。然而没多久，郑国来秦修水渠的真实目的暴露，秦始皇在众大臣的建议下驱逐客卿。李斯上了著名的《谏逐客书》，说服了秦始皇，同时也受到秦始皇的重用，升为廷尉。就这样，李斯通过个人的才干和不断的努力，逐渐坐上了秦国丞相之位。

秦帝国建立后，秦始皇四处巡游。公元前210年七月，秦始皇暴崩于沙丘。当时知道这件事的只有始皇帝少子胡亥、赵高、李斯等几人。赵高为胡亥的老师，因此便想篡改遗诏，不招遗诏中提及的扶苏回咸阳继位，而是改立胡亥，以争拥立之功。他找到李斯，开始策反。

在赵高的游说下，李斯心动了。李斯本就与扶苏不和，为了保住相位和子孙后代的荣华，他参与进了赵高的阴谋。在两人的一手操作下，扶苏、蒙恬被逼自尽，胡亥继位。

胡亥继位后，赵高利用自己常伴二世的有利条件，逐渐取得了熏天的权势。因为他的谗言，本就因不断上书劝谏而惹恼秦二世的李斯彻底失去了秦二世的信任。公元前208年，赵高构陷李斯父子谋反；七月，李斯被腰斩于咸阳街市，祸及三族。

司马迁在《史记·李斯列传》中，对李斯有着如此的评价：“斯知《六艺》之归，不务明政以补主上之缺，持爵禄之重，阿顺苟合，严威酷刑，听高邪说，废适立庶。诸侯已畔，斯乃欲谏争，不亦末乎！人皆以斯极忠而被五刑死，察其本，乃与俗议之异。不然，斯之功且与周、召列矣。”太史公这段话，很鲜明地表达了自己的观点：李斯凭仗自己显赫的地位，不懂得劝诫皇帝以弥补皇帝的过失，只懂得阿谀奉承、曲意逢迎。他为自保而听信赵高的话，废嫡立庶。二世继位，政治腐败、民不聊生。等各地烽烟四起时，他才想起上书劝谏皇帝，这还有什么用呢？世人都以为李斯死于衷心，但我不这么认为。如果果真如此，那么李斯的功绩简直可以比拟周公、召公。

李斯的死，看似死于赵高的构陷，死于胡亥的昏庸，其实往前推算，他的死，死于沙丘政变时的与虎谋皮。从根源上来说，他的死，正如荀子所料，死于他功利心以及扭曲的人生观、价值观。他处在丞相的高位上，不劝诫始皇帝停止暴政，施仁于民，反拟定各种严刑苛法迎合秦始皇的暴政；他手握丞相之权，不喝退心怀叵测的赵高，反而与之一拍即合，导致昏庸的二世继位，扶苏含恨而死，最终间接导致秦国二世而亡。而这一切，来源自他内心的贪，对于功名利禄、荣华富贵无穷无尽的欲望。

古往今来，很多官员都因为一己私欲而落马，最终身败名裂，被永远钉在历史的耻辱柱上。这些人身居高位、手握权柄，不思为国为民，只知为非作歹、以权谋私，这些人无疑是人民的公敌，是历史的败类。任何公职人员，他们手中的权力，都是人民给予的权力，是国家给予的权力，是为了维护国家和人民，而赋予他们的公权力。行使公权力的人，更应洁身自好，严格律己，以人为鉴，以史为鉴。否则，等待他们的只能是法律的制裁和世人的唾弃。

97.升职加薪，是接受还是拒绝

要升到高位上，其经过是很艰难的，但是人们却要吃许多苦以取得更大的痛苦。

——论高位

大凡职场人士向来讲究“升升不息”，许多人为了升职加薪付出了无数的努力，然而最近几年，职场上却频频出现拒绝升职的情况，这是为什么呢?

面对升职，许多职场人士都深有感触，他们深知职场中的竞争是多么地激烈与残酷，为了升上高位，为了宽敞的办公室和一个级别高的职称，只有他们自己才知道他们失去了多少悠闲的假期，失去了多少实现理想和愿望的机会。但是，当我们梦想中的职位向我们抛出橄榄枝的时候，你看到了光明的前景，那是否能看到那些加班的黑夜；你看到了数不尽的薪水，那是否能看到自己为了高薪付出的汗水？培根曾说：“加官晋爵必历尽苦辛，再上层楼更是苦上加苦”，其实，这个时候你更需要勇气和智慧，更需要判断和舍弃。

宝宝3岁以后，美琪终于决定走出家门，开始在事业上有所追求。

最初走出大学校园时，美琪并没有什么职业规划。一毕业，她就和相恋了3年的男友结了婚，并进入了一家薪水不多但工作相对轻松的单位。结婚一年后，宝宝出生了。因为是早产儿，宝宝的身体一直不好，为了照顾宝宝，美琪和老公商量后，索性辞去了工作，一心照顾孩子。如今，在她的尽心照料下，宝宝的身体已经非常强壮；而养家糊口的重担，一直压在老公一个人身上，对此，美琪十分不忍。宝宝进幼儿园以后，她便重新找了一份工作，在大型商场的某个化妆品专柜做销售员。

美琪性格开朗，容貌姣好，自己对于很多品牌的化妆品也有不少心得，因此工作起来如鱼得水。一年后，因为突出的业绩，她被提升为专柜经理。从这以后，她更加忙碌。以前只需要按点上下班，现在却要早到迟走，还要负责专柜的各种事宜。难得调休的节假日不是到处开发新客户，就是电话拜访老客户。

她的薪水越来越高，家里的经济越来越好，以前舍不得给孩子买贵的玩具，现在动辄上千元的玩具，她毫不犹豫地就买下来。在她的心里，这也是对无法常常陪伴孩子的一种补偿。

又是一年过去了，她所负责的专柜，称为整个销售大区的业绩模范。总公司欣赏她的能力，将她调入总部的销售部，期待她拿出更好的成绩。

刚入总部时，她的职位不高，工作反而没有做专柜经理时忙碌。她借此松了口气，在努力工作的同时，也开始享受起闲暇时光的天伦之乐。

一个良好的精神面貌和职业状态，使得她再次成为员工中的明星。半年后，公司经理找到她谈话，表示公司即将提拔她为销售部主管。

听到这个消息，美琪并没有像第一次升职时那么兴奋。她回家后，与老公商量此事，老公说："只要你愿意，我都支持你。不过，咱家现在的日子已经不错了，我们两人的工资加起来，比很多人家都过得宽裕。你要追求事业上的进展，我不反对。只是现在孩子还小，你这样分身乏术，实在太辛苦。去年你做专柜经理的时候，我看你劲头十足，也就没说什么。可是每天晚上孩子哭着问我要妈妈，我要哄上半天才能睡着。有时候你难得早回来，给孩子讲故事，讲着讲着自己就累得睡着了。作为老公，我本身就有养家糊口的责任，我更不希望你因为工作而如此疲惫，还失去了陪伴孩子成长、享受家庭欢乐的时间。或者，以后孩子大些，不再黏人了，我们俩在各自的工作上再加把劲，那时也不迟啊！"

老公的一席话，让美琪又是感动，又是心酸。第二天，她找到经理，委婉地谢绝了这次升职。经理也表示理解，没有再强求，并且表示，只要她愿意，以她的能力，以后想要升职，机会一直在那里，公司也一直为她保留。

美琪面对升职，没有头脑发热，而是结合了自己的具体情况，并听取了老公的意见。最终她认为，为了工作而牺牲个人的生活，这个代价太过巨大。最终她拒绝了晋升的机会，但相信她不会为此感到遗憾，量力而行、兼顾家庭的选择，让她在职场这条路上免遭了痛苦。

传统意义上的升职是体面和值得炫耀的事，这样的机会是可遇而不可求的，然而升职后带团队、加班、处理人际关系等工作随之而来，人们的压力会瞬间增大，你有没有做好抗压的准备呢？社会学家曾有过研究，若职场人排斥升职，则说明抗压能力没有同时提升，尽管不想升职并不等于不努力工作，但长年累月做同样的事，自己还是会不自觉地懈怠，这样是不利于职业发展的。

假如现在有一个晋升的机会摆在你面前，你又拿不定主意，那么不妨仔细地想想自己为何而犹豫？是升职后的工作量太大，还是与自己的人生规划冲突，抑或是单纯的恐惧压力？除了自身的原因，你还要考虑清楚，晋升会给你的工作和生活带来什么样的影响。当然，现代人更加注重个人感受，做自己想做的事情也没有错，但是最好对自己的职业有清晰的规划，而不应该仅仅因为害怕承担压力而逃避，错失这么好的机会。

98.“有所不为，有所必为”才是正确的处世之道

在每种请托之中总不免有是有非的。

——论请托者

有时候“拒绝”和“承诺”同样重要，特别对于事业逐渐走入正轨的人们来说，因为经常需要摆平老板、客户、同事等各种复杂关系。如果人们事事都答应，总做“老好人”、试图面面俱到，结果倒可能弄巧成拙，毕竟每个人的

精力、资源都是有限的。

关于“请托”一事，培根曾在其散文著作中做了如下深刻的见解：“在每种请托之中总不免有是有非的；如果是为争讼的请托，其中必有曲直之别；如果是图升迁的请托，其中必有才与不才之别。假如一个人因为受了感情的驱使而在诉讼之中偏向不直的一方，那么他最好利用他的影响为两方和解，而不要把事做到尽头。假如一个人因为受了感情的驱使而在仕途中偏向那较为不才的一方，那么他最好不要为了要提拔这不才的一方，遂造作恶言，毁损那较为有才而值得升迁的人。”如果细细地领会培根爵士在行文中的心思，我们会发现，他不仅在为我们引出“请托”一事的内涵，还暗含了“有所不为，有所必为”的哲学思想。

在我们日常的工作生活中，人们不免要遇到各种请求，有些事可能只是举手之劳，而有些事可能就不会那么简单。当有人向你提出的要求是不符合原则的时候，我们一定要坚定地拒绝，不可为的事情一定要坚守原则。不过，没有人喜欢被拒绝，因此，在拒绝他人请托要求时，我们一定要注意方法，不要伤害了对方的颜面。

1.等他闭口，你再开口

无论彼此沟通的内容是什么，我们都要牢记，认真倾听别人发言，不打岔、不随便插话，是人际交往中的基本礼貌。通常来说，开口向别人请求帮助时，求助者心中本身就惴惴不安；若被请求方未等求助者一句话说完就断然拒绝，无疑是将双方的关系在瞬间拉向冰点。这时，求助者的内心很容易被激起不满情绪，而被请求方也显得非常不近人情。因此，在求助者诉说他们的请求时，我们应当给予关注，认真地听完他们的请求。当你表现出认真的态度后，求助者本身已经会对你产生感激之情，因为他在你这里感受到了尊重。听完求助者的话后，我们可以根据自身的实际情况，诚恳地向对方表明自己爱莫能助。这时，求助者也会理解你。

即便已经拒绝了求助者，我们依旧可以根据之前听到的情况，贡献一点自己的力量。我们可以站在各个角度，为他分析情况，提出建议。如果你的建议切实可行，能够对其产生帮助，那么对方也在功劳簿上为你记上一笔。

2.幽他一默，笑着拒绝

采用幽默的方式拒绝他人，可以很大限度地降低对方被拒绝时心中产生的不满，在轻松融洽的气氛中，你的拒绝也不再显得生硬。在幽默拒绝他人方面，美国前总统富兰克林·罗斯福就是个中高手。

在就任总统前，罗斯福曾担任海军副部长。有一次，他的一个朋友向他打听美国海军的一些军事机密。罗斯福听后，先是故作神秘地四下张望，然后压低声音问朋友："你能保密吗？""当然能！我发誓。"朋友信誓旦旦。"那么，我也能。"罗斯福这句话一出，他和朋友都笑了。

罗斯福运用幽默拒绝法，巧妙地回避了朋友的问题。这样，他既没有泄露国家机密、违反原则，又让朋友的尴尬在笑声中消失于无形。这样的处理方式不仅没有伤害到两人的友谊，还更加彰显了罗斯福超群的智慧和人格魅力。

古往今来，还有很多擅用幽默拒绝法的名人。我国春秋战国时期的思想家庄子，也曾用这个方法，委婉拒绝了楚王授予的官职。

庄子很爱钓鱼。这天，他正在濮水边钓鱼，楚王派来的使者找到了他，告诉他楚王想请庄子担任楚国的国相。庄子回答说："听说楚国有只神龟，死了三千多年了，楚王将它供在庙堂之上。你们认为，对于这只龟来说，它是愿意死了被人供在庙堂呢，还是愿意活着在泥塘里爬呢？"使者表示这只龟当然愿意活着在泥塘里爬，庄子答曰："没错，你们还是继续让我在泥塘里活着吧！"

在这里，庄子没有直接拒绝使者，而是用一个比喻，巧妙地表达出自己的拒绝之意，让使者明白了自己的心意，知难而退。

3.故意装傻，言语含糊

有时候，如果局面不便于我们直接拒绝或言明拒绝的原因，我们可以采取"装疯卖傻"的方式来拒绝他人。如有人问你："能借我五千块钱吗？"你答："明天我小舅子要结婚了。"这种明显的答非所问，可以让人听出你言语里的委婉拒绝，并接过你的话锋，转移话题，让彼此不至于难堪。

此外，我们也可以通过含糊的语言，起到拒绝的目的。如有人问你："今晚我家开牌局，您来玩儿两把吗？"你答："这次没空，以后再说吧！""以后"是一个很模糊的概念，谁也不知道它指的是下一次、再下次或是哪一次。对方只要心思清明，必然能听出你的潜台词："我对牌局没兴趣。"这次，他不会再强求你；以后再邀请你时，也会更慎重。

4.转移矛盾，推脱责任

有的时候，向对方表明"这事儿不归我管"，也是一种拒绝的好办法。如有人问你："你家的车周末能让我用用吗？"你答："车钥匙永远在我老公那里，我没有使用权啊！"这就是告诉对方，这件事不归你一个人做主，还要看老公拍板；不是你不愿意借给他，而是你"无权"支配这辆车。这样，对方也不会再继续纠缠，通常会就坡下驴："也对，还是男人管车好。"

当你将矛盾转移到其他方向时，求助者的矛头自然不能再指向你。只要他认同你的观点，认为此事并不是你有意推托，而是你心有余而力不足，那么你的这次拒绝，也就不会让双方的关系受到损害了。

99.摆脱你的虚荣

好炫耀的人是明哲之士所轻视的，愚蠢之人所艳羡的，谄佞之徒所奉承的，同时他们也是自己所夸耀的言语的奴隶。

——论虚荣

这天，志强接到女朋友李颖的电话，听着电话里她哭得梨花带雨，不禁吓了一跳，急忙赶到李颖家看发生了什么。李颖一见到志强来了，立即痛斥自己“寒酸”的衣柜，让她在今晚公司的年会上难以见人。“那个新来的赵丽，才刚毕业的大学生啊！一件衬衫就两千多，这让我们这些工作了好几年的人怎么想！还有跟我一起进公司的金慧，又不是富二代，工资也不比我多几块，刚才我居然听说，她去商场买了件四千多的晚礼服！”

志强劝道：“你甭管她们。我瞧这件呢大衣就不错，显你的身材，衬你的肤色，又是上个月刚买的，也没穿过，正好穿去让她们眼前一亮。”

“不行！金慧买四千的礼服，我就买五千的！”

“别闹了，咱俩工作这些年了，一直没什么积蓄，还不是因为你总买一些用不上的衣服和化妆品。咱们明年就结婚了，五千块，能买个家庭影院了。”

“我才花你几个钱，你就跟我计较？”

“那倒也不是。但还有一个情况。今晚你们开年会那个酒店大厅空调坏了，找我那哥们儿强子的公司去修，说是一时修不好。今晚那里得多冷啊，你穿了晚礼服过去也得再披上呢大衣，那要晚礼服干吗使？”

然而，不管志强怎么劝，李颖还是强索了志强的信用卡，跑去商场买了一件五千多的晚礼服。志强见劝不住她，只能在她去会场前把呢大衣塞进她手里，让她多穿点。

整场年会，李颖艳压群芳，美丽“冻”人。看着裹成“粽子”瑟缩在角落的金慧，她心里别提有多美。她用冻僵的笑脸向每一个穿着厚外套的人致意，将人们惊诧的目光理解为艳羡与钦慕。

当天晚上，她回到家中便高烧不退。家人送她去医院一查，竟得了肺炎。休了好久的病假不说，回到单位后，她还听见旁人在背后指指点点：“就是她，为了漂亮真拼了，生生冻出了肺炎。”“那件晚礼服值那么多吗？我看着像A货啊！”“颜色不适合她，太装嫩了。”

听着这些议论，李颖悔不当初。

在我们的生活中，可能有很多人像故事中的李颖一样，为了虚荣而不顾实际。宁愿刷爆信用卡、冻出大病，也要穿上昂贵的晚礼服，在舞台中央夺人眼球，这是一种普遍的心理。在社会中，人人都希望自己能得到别人的承认，这种自尊心组成了最开始的虚荣。然而，过度的虚荣就不是一种正常心理需要了，越来越多的人为了能够“高人一等”，不惜利用撒谎、投机等不正常手段去渔猎名誉。虚荣逐渐演变成一种扭曲的自尊心，是人们为了取得荣誉和引起普遍的注意而表现出来的一种不正常的社会情感。俗话说，“解铃还须系铃人”，能够将我们从虚荣的旋涡中解救出来的只有我们自己，那么，我们如何对自己的虚荣心进行调整呢？

1.了解虚荣心

为了调整人们的虚荣心理，首先需要我们了解什么是虚荣。

生活中我们会经常看到这样的情景：有些人为了收获别人羡慕的目光，不惜背上一大笔贷款去买一栋大房子，继而成为房奴；有些人买车不是作为交通工具来使用，而是为了炫耀，挣面子；有些人为了追时尚，不考虑收入和自身条件，盲目追风，花了不少冤枉钱却打扮不出效果来，弄得别人不欣赏，自己也不开心。

这些人在工作、生活、婚姻、家庭、父母、子女、亲朋等关系中，无一不是怕别人瞧不起，总想着自己要比别人强，这都是虚荣心在作怪。而在实际生活中，没有任何一个人、一件事是十全十美的，我们应脚踏实地，一步一个脚印地走过，回头看，美好的生活、工作的成绩也在一点一点地积累起来，我们应把这种虚荣变成一种工作的动力，改善我们的生活质量，使我们的生活更幸福。

2.认识虚荣的危害

一些虚荣心很强的人往往不会察觉自己的虚荣，甚至不会承认，所以很难克服虚荣心带来的恶果。因此，我们需要正确认识自己，理智地面对虚荣。有些人为了得到社会的承认，在思想上会不自觉地渗入自私、虚伪、欺诈等因素，这与谦虚谨慎、光明磊落、不图虚名等美德是格格不入的。虽然他们能得到一时的满足，但这种承认是虚假的，是不能经受考验的，反而会给自身带来沉重的心理负担。所以，只有认识到自己身上的虚荣以及虚荣的危害，我们才能下决心去克服它。

3.分清自尊与虚荣的不同

自尊是虚荣的基础，很多人都是由于自尊心太强而不断扭曲直至变得过度虚荣，因此，我们需要分清虚荣与自尊。

自尊心强的人对自己的声誉、威望等比较关心，他所获得的荣誉都是在谦虚、进取、真实的努力中获得，这种人不会掩盖自己的不足，反而会为了改变不足而不断努力。而虚荣的人则过于关注自己的名字和荣誉，很少考虑别人的感受和评价，这种人有很强的自我表现欲，是一种个人主义自私心理的表现。

4.脱离从众影响

很多爱慕虚荣的人都是受从众行为的消极影响，在歪风邪气、不正之风的侵染下，这些意志薄弱者不得不改变了本质，走向虚荣。例如，社会上流行吃喝讲排场，住房讲宽敞，玩乐讲高档。在生活方式上，落伍的人为免遭他人讥讽，便不顾自己客观实际，盲目任意设计，打肿脸充胖子，弄得劳命伤财，负债累累，这完全是一种自欺欺人的做法。因此，我们要面对现实，从实际出发，摆脱从众心理的负面效应，脚踏实地地锻炼自己，努力培养自己的真才实学，如此才可以摆脱虚荣心对我们的危害。

谈到虚荣，英国哲学家培根也曾直言不讳地说道：“好炫耀的人是明哲之士所轻视的，愚蠢之人所艳羡的，谄佞之徒所奉承的，同时他们也是自己所夸耀的言语的奴隶。”一个人如果总是用一副虚假的嘴脸去面对世界和他人，怎么能获得别人真心的认可和接纳？因此，我们要用真知实学来充实自己，用真诚待人来完善自己，要向世人展示一个真实的自己，唯有真实的你，才能将你从虚荣的旋涡中解救出来。

参考文献

[1] 培根. 培根论人生[M]. 哈尔滨：黑龙江科学技术出版社，2012.

[2] 培根. 培根随笔集[M]. 北京：光明日报出版社，2009.

[3] 刘国建. 培根人生论（典藏版）[M]. 长沙：湖南文艺出版社，2012.